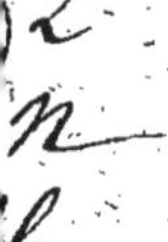

AF463800

7719

LA CHINE

ET

LA PRESQU'ILE MALAISE

RELATION D'UN VOYAGE ACCOMPLI EN 1843, 1844, 1845 ET 1846,

PAR LE DR MELCHIOR YVAN.

PARIS.

BOULÉ, ÉDITEUR, RUE COQ-HÉRON, 5.

1850

PARIS. — IMPRIMERIE DE C.-H. LAMBERT, RUE COQ-HÉRON, 5.

PREMIÈRE PARTIE.

I.

Départ de France.

Le 12 décembre 1843, les membres de la mission de Chine, tous réunis à Brest depuis plus de quinze jours, reçurent l'ordre de se rendre à bord de la *Sirène*. Les vents, qui retenaient dans le port depuis longtemps les deux frégates qui devaient voyager de conserve, avaient subitement tourné à l'est, et le commandant de l'expédition désirait profiter de ce moment pour effectuer un départ déjà trop retardé. Nos préparatifs étaient achevés, nos installations à bord étaient faites. Aussi chacun se rendit avec empressement à l'ordre qui lui était donné de venir occuper l'étroit espace que les sévères règlements maritimes lui avaient assigné. A peine avions-nous touché le pont de la *Sirène*, qu'on leva l'ancre, on hissa les voiles, et une brise faible, mais favorable, nous fit heureusement sortir du goulet.

Ce fut sans peine, sans regret, que je vis disparaître les côtes de France, à travers les brumes de l'horizon. Brest, cette ville noire et humide, n'était déjà plus la France pour moi; depuis que j'étais entré dans son enceinte, je pensais, j'agissais comme si j'eusse foulé une terre étrangère. L'aspect sévère des côtes de l'Océan ne me rappelait pas le sol natal; j'avais quitté ma véritable patrie le jour où je m'étais séparé de ceux que j'aimais, où j'avais perdu de vue les horizons de ma belle Provence. Aussi, l'impression que j'éprouvai en parcourant du regard la vaste mer, n'avait-elle rien de douloureux. Une vive espérance, un secret enthousiasme m'animaient et me montraient déjà les magnifiques contrées que j'allais parcourir. Quoique mon cœur n'eût rien oublié, quoique de chères images fussent toujours présentes à mon souvenir, je sentais que la crise des larmes et des douleurs du départ était passée, et que, dans une âme courageuse, il y a plus d'espérance encore que de regrets. D'ailleurs, je me sentais consolé en songeant au programme qui était offert à mon activité. J'allais, après bien des désirs avortés, bien des espérances déçues, parcourir les vastes domaines que la bonté de Dieu a donnés à l'espèce humaine; j'allais faire connaissance avec mes frères de toutes les couleurs, qu'il a disséminés sur notre vaste planète; j'allais interroger le passé de l'humanité sur la terre qui lui a donné naissance; j'allais enfin conquérir mon droit de cité sur ce globe, en devenant un homme plus complet, par le fait de cette grande course à travers les peuples!

Je désire de toute mon âme que ceux qui s'aventurent dans de lointains voyages portent en eux le saint enthousiasme qui m'animait au départ, et qui ne m'a jamais abandonné en chemin. Mieux vaut l'exaltation de la pensée qu'un scepticisme indifférent. Les hommes d'un esprit froid, d'une imagination éteinte, n'observeront jamais bien la nature, et quelles que soient d'ailleurs leur aptitude et leur science, ils ne comprendront pas la vie dans ses plus brillantes manifestations. Un vif intérêt, une curiosité avide, incessante, m'a toujours soutenu pendant mon voyage; et si j'ai parfois interrompu des travaux commencés, c'était parce qu'un irrésistible besoin de réflexion et d'analyse m'obligeait à me reployer momentanément sur moi-même. Je craignais, en voyant trop, et trop vite à mon gré, de ne pas fixer assez profondément dans mon souvenir les scènes dont j'étais le témoin, et les lieux qui leur servaient de théâtre.

Les premiers jours de la traversée furent consacrés à faire connaissance avec le nombreux état-major de la *Sirène*, à observer les coutumes du bord, et à étudier sur moi-même les effets du mal de mer, trois choses peu récréatives, auxquelles je consacrerai pourtant quelques lignes.

Le commandant de l'expédition, M. Charner, est un de ces hommes, à la rude écorce, chez lesquels le rigide caractère du marin domine tout, et qui ont en leur savoir et leur expérience une confiance qu'ils savent inspirer aux autres.

Quant aux officiers de marine qui servaient sous ses ordres, et dont nous étions devenus temporairement les compagnons, c'étaient, en général, des marins distingués; mais ils portaient dans les relations ordinaires cette raideur misanthropique propre aux gens de leur profession.

Le contraste qui existe entre la vie de bord, monotone comme tout ce qui est strictement arrêté d'avance, et la vie intelligente et accidentée que l'on mène à terre, me jeta dans une mélancolie taciturne. Cette tristesse était aggravée par l'absence de tout confortable, par la privation d'un réduit où je pusse me réfugier sans manquer d'air et de lumière, et surtout par un mal de mer intolérable, qui me retint plusieurs jours dans ma cabine.

A mes yeux, ce sont ces causes réunies, jointes à l'ennui d'un contact incessant, qui jettent la plupart des officiers de marine, tantôt dans une sorte d'apathie, dont ils ne se tirent qu'avec effort, pour accomplir quelques actes automatiques, tels que faire le quart, fumer, manger et dormir; tantôt dans un état de surexcitation nerveuse, qui leur fait envisager les petits actes de la vie du bord, comme des événements d'une gravité, d'une importance extrême, ce qui les rend à l'excès irritables et susceptibles. Il n'y a rien d'étonnant que, sous de telles influences, les habitudes prennent, après quelques mois de traversée, une apparence anormale et outrée, qui ressemble à un fait pathologique.

Les discussions dégénèrent en disputes, les antipathies en haines, et les opinions politiques en monomanies. C'est ainsi que j'ai vu d'élégants légitimistes transformés, s'il avait fallu les croire, en réactionnaires avides de sang, et leurs antagonistes, des républicains fort paisibles, n'être rien moins, à les entendre, que des Couthon et des Carrier.

Il est toutefois un moyen, un seul, il est vrai, de tirer un état-major de ces fâcheuses dispositions d'esprit, de mettre un terme à ces discussions interminables, de faire taire ces rivalités haineuses, et de les grouper dans une même pensée, c'est de leur jeter quelque passager en pâture. Le passager devient aussitôt le bouc émissaire du bord. Cet intrus, qui vient ravir à l'officier de marine une petite part du petit espace où il est condamné à vivre, est un être souillé de tous les crimes, et contre lequel il épanche sa mauvaise humeur en toute liberté, ce qui le rend ensuite un peu moins irritable avec ses camarades.

Si j'étais assez heureux pour que mes conseils fussent entendus de M. le ministre de la marine, qui est tout à fait compétent pour en apprécier la sagesse, il mettrait quelques passagers à bord de tous les navires de l'Etat. La santé du carré serait meilleure, la cordialité y régnerait quelquefois, et les hommes de l'équipage recevraient de moins, en guise d'admonestation, quelques coups de poing, qui, pour n'être pas dans le règlement, n'en constituent pas moins une punition brutale fort humiliante.

Cependant, comme pour distraire le regard et la pensée, il existe, dans tous les navires de l'Etat, au milieu de tous ces caractères aigris et froissés, un petit groupe spirituel, rieur, bienveillant, actif, intelligent, ayant encore toute la grâce et les croyances du jeune âge, ce sont les élèves, pauvres enfants qui commencent une vie de privation, de souffrance, de danger, à l'âge où leurs frères et leurs amis jouissent encore des soins maternels et de la protection de la famille. Il est pénible de songer que ces jeunes et fraîches intelligences s'atrophieront bientôt dans cette atmosphère, et que, forcément étrangers à la vie réelle, aux progrès incessants de notre société, ils deviendront ce que sont devenus leurs devanciers.

Les élèves et les matelots constituent la partie vraiment poétique de ce grand corps animé qu'on appelle un navire. Ce sont eux qui m'auraient garanti, par leur conversation naïve, leur joyeuse humeur, de ce mal de mer moral, de cette apathie maladive que je viens de décrire, si l'amitié dont m'honorait la famille du chef de l'expédition, et mes relations intimes avec quelques-uns des membres de la mission n'avaient été une compensation puissante et continuelle, une charmante distraction contre les ennuis de la traversée.

Je vais, suivant l'usage *antique et solennel*, donner le nom des membres qui composaient la mission de France en Chine. Le personnel se composait de deux catégories : les attachés à la légation, et les membres adjoints à cette expédition par divers ministères.

La légation se composait de M. de Lagrené, ministre plénipotentiaire, lequel était accompagné de madame de Lagrené, et de deux de ses enfants, mesdemoiselles Gabrielle et Olga de Lagrené ; M. de Ferrière-Levayer, premier secrétaire de la légation ; M. Bernard d'Harcourt, deuxième secrétaire ; M. Callery, interprète ; M. Xavier Reymond, historiographe ; M. le docteur Yvan, médecin de l'expédition, et M. de Montigny, chancellier.

Les simples attachés d'ambassade, au nombre de cinq, étaient : MM. Macdonald de Tarente, Marey-Monge, Fernand de Lahonte, de La Guiche et de Charlus.

M. le ministre du commerce avait adjoint à l'expédition quatre délégués, désignés par les chambres du commerce de Rheims, Mulhouse, Saint-Etienne, Lyon et Paris. Ces quatre délégués étaient : MM. Natalis Rondot, Hausman, Hedde et Renard.

Enfin, le ministère des finances comptait deux représentants dans ce nombreux personnel : MM. Itier, inspecteur de douanes, et Lavollée, employé dans cette administration. M. Itier, par des raisons de santé, se sépara de l'expédition lorsque l'ordre lui fut donné de se transporter dans le nord de la Chine.

II.

Ténériffe.

De Brest à Ténériffe, notre traversée fut de quatorze jours, pendant lesquels la mer fut constamment belle et le vent favorable. Nous jetâmes l'ancre devant Santa-Cruz, le 26 décembre au matin, par un radieux soleil et une donce température de vingt degrés. Sous l'agréable impression de cette chaleur bienfaisante, nous songions avec satisfaction qu'un si court espace de temps écoulé depuis notre départ nous avait conduits au devant d'un été précoce, qui ne devait plus nous abandonner.

Santa-Cruz, vue de la rade, n'offre pas un aspect bien pittoresque. Cette ville est bâtie au pied d'une côte aride, qui s'étend du N.-E. au S.-O. La rade, peu sûre, est défendue par deux points fortifiés, le *Paso Alto* et le fort de *San-Juan*. Lorsque nous descendîmes dans le canot pour gagner la terre, la mer était très houleuse, la lame, très creuse, portait en se relevant notre embarcation jusqu'au dessus des canons de la batterie, et la ramenait subitement à six pieds au dessous.

J'avais assez bien choisi le moment favorable pour me précipiter dans le canot, et, fier de mon succès, je m'étais triomphalement assis sur l'un des bancs, lorsque j'en fus brusquement arraché par M. de Lagréné, qui me jeta vigoureusement sur le côté. S'il eût fait précéder son action d'une parole d'avertissement, c'en était fait! ma tête était infailliblement broyée entre le canon et le bord du bateau, qui heurtèrent violemment le point où j'étais assis.

A peine débarqués, nous fûmes enveloppés par une foule de mendiants, pittoresquement drapés dans des haillons, lesquels réclamaient un quartillo de notre générosité, en nous interpellant sans cesse du nom de *Dis donc!* dénomination par laquelle les Canariens désignent les Français. Cette réunion de gens sales et déguenillés nous fit, jusqu'à la place de la Constitution, une escorte nombreuse et fort importune.

La chose qui nous frappa le plus, en descendant sur le sol espagnol, fut le vêtement bizarre des habitants des classes inférieures. Les femmes portent un léger jupon blanc, qui cache les parties inférieures; leur tête est recouverte par une mantille en calicot, qui descend au dessous des reins, et sur laquelle est posé un chapeau en feutre ou une feuille de palmier, semblable à nos chapeaux d'hommes. Quant aux hommes, enveloppés dans une couverture en laine blanche, les jambes et les pieds nus, ils drapent, avec une majesté royale, leurs membres supérieurs dans cet unique vêtement.

Nous prîmes gîte à l'hôtel de la Constitution, chez un vieux militaire français nommé Guérin, qui recevait chez lui nombreuse et bruyante compagnie, cumulant les professions de maître d'hôtel avec celles de cafetier et de restaurateur. Une circonstance tout à fait significative nous apprit même que parfois, chez notre compatriote, la société était un peu mêlée ; et, comme l'aventure qui nous arriva dans son hôtel caractérise assez bien les mœurs administratives de ce pays, je ne crains pas d'allonger un peu mon récit pour la raconter.

Tous les effets appartenant aux membres de l'ambassade avaient été réunis dans un seul appartement, dont la porte n'avait malheureusement pas de clé. Le soir, en entrant chez nous, nous remarquâmes qu'une selle appartenant à M. de La Guiche avait disparu. On s'informa vainement des personnes qui avaient visité cette partie de l'hôtel; on ne put recueillir aucune indication qui pût mettre sur la trace du vol. Enfin le fils du maître de l'établissement, pressé de questions, finit par se souvenir qu'il avait vu, dans l'escalier de l'auberge, un hidalgo de Laguna, emportant sous son menteau l'objet qu'on réclamait. On dénonça aussitôt le fait à l'alcade, qui fit immédiatement appréhender au corps... l'unique témoin de ce vol !... Trois jours après, la selle fut restituée, mais il fut impossible d'obtenir la mise en jugement du coupable et la mise en liberté du véridique accusateur !

La ville de Santa-Cruz a la physionomie de toutes les villes modernes et commerçantes. Les rues sont larges et droites, les maisons de belle apparence ; l'on dirait un de nos ports de la Méditerranée. Il y règne la même activité bruyante, le même mouvement; mais c'est seulement à certaines heures de la journée. Dès que le soleil darde ses rayons perpendiculaires sur le pavé poudreux et embrase l'atmosphère, la population tout entière rentre au logis, comme s'il était nuit close ; les persiennes et les portes se referment ; on se repose, on fait la sieste. L'étranger qui, par cette chaleur et cette lumière ardente, parcourt intrépidement les rues de Santa-Cruz, aperçoit à peine de loin en loin, à travers les lames des persiennes, quelque dame curieuse, qui le regarde d'un œil étonné et se retire nonchalamment au fond de son appartement frais et sombre.

Pendant que les *senores* font la sieste, les *senoras* vaquent à leurs affaires dans les comptoirs et les magasins ; mais, dès que la nuit tombe, le mouvement et la vie recommencent ; la foule bruyante envahit les rues ; des groupes d'hommes et de femmes s'y promènent, précédés de joueurs de mandoline et de chanteurs; les jeunes garçons agacent les fillettes; c'est, à tous les carrefours, un joyeux et charmant tumulte. Tandis que les petites gens se divertissent ainsi en pleine rue, les belles senoras viennent s'accouder à l'étroite fenêtre; la jalousie crie légèrement sous la blanche main qui la relève, et un cavalier au manteau brun vient reprendre à travers la grille discrète une causerie d'amour, laquelle, commencée depuis plusieurs mois, serait interminable si le mariage ne finissait ordinairement ce roman en plein air. Ces choses-là se passent encore ici comme dans les vieilles cités castillanes, et l'on recommence tous les soirs les scènes de balcon, si importantes dans les pièces espagnoles. J'avoue que je n'avais jamais cru absolument aux sérénades, aux manteaux couleur de muraille, aux jalousies mystérieusement entr'ouvertes, aux conversations nocturnes des galants morfondus au pied d'une grille inexorable ; il me semblait que toutes ces choses étaient de charmantes inventions de M. Alfred de Musset, réalisées seulement dans son imagination et dans ses livres. Mais, dès mon arrivée à Santa-Cruz, je fus forcé de convenir que le poète avait fait une très véridique histoire. Une fois, j'en dis mon sentiment à un vieux Français, établi à Santa-Cruz depuis plus de trente ans, et marié à une Espagnole.

— Vraiment, lui dis-je, vous devez, avec de pareilles mœurs, avoir chaque matin une ample collection de nouvelles scandaleuses. Grand Dieu ! que d'histoires de femmes enlevées, de filles séduites, de coups de dague et de poignard !...

— Ne croyez pas cela ! interrompit avec feu mon interlocuteur : ainsi que tous vos compatriotes, vous jugez au point de vue de votre fatuité jalouse les femmes de tous les pays. Sachez bien, docteur, qu'ici toutes les femmes sont très sages, les amants très peu exigeants, les balcons très élevés et les portes soigneusement fermées. Croyez-vous, docteur, ajouta-t-il en s'animant, croyez-vous qu'une fenêtre à cinq pieds de terre, ouverte dans un mur en bonnes briques et défendue par de solides barreaux, ne suffise pas pour rassurer les pères et les maris les plus ombrageux ? Voudriez-vous que nos jeunes filles s'échappassent la nuit pour aller contempler la lune avec leurs amants au fond d'un parc, au lieu de les recevoir à leur fenêtre pour échanger quelques tendres propos ? Ces conversations mystérieuses suffisent aux besoins du cœur, sans engendrer d'autres désirs. J'ai connu plusieurs de mes amis qui se sont rendus, pendant vingt ans, à la même fenêtre, et qui, le lendemain de leurs noces, s'y rendaient encore et s'attristaient de la voir close plus qu'ils ne se réjouissaient d'avoir chez eux l'objet de leur amour. Voyez comme tout se passe avec décence ! Le cavalier est ferme et droit sur ses jambes, enveloppé jusqu'au cou dans son manteau, les bras croisés sur sa poitrine, l'épaule adossée contre le mur, le cou tendu pour respirer, s'il se peut, le souffle d'air qui vient de passer sur une chevelure parfumée, tandis que la jeune fille joue coquettement avec son éventail, en écoutant pour la centième fois le même madrigal. Ce sont les traditions de la vieille galanterie espagnole; elles se sont perpétuées ici bien mieux que dans la métropole. Fasse le Ciel qu'elles s'y conservent encore longtemps!

Depuis cette conversation, je crois aux livres de M. de Musset, moins les dagues, les poignards et les rendez-vous la nuit dans des chambres bien closes.

Santa-Cruz renferme quelques monuments dignes d'attention: le palais du gouverneur, quelques églises et des couvents à demi ruinés, que ne soutiennent plus la piété des fidèles, et dont les dernières révolutions de la Péninsule ont chassé les habitants. Les églises, surtout, décorées avec plus de somptuosité que de goût, renferment un certain nombre de belles peintures, dues à de vieux maîtres espagnols d'un talent plein d'originalité. Mais la nef de ces monuments est déserte; le vent révolutionnaire, qui a soufflé sur ces îles, a renversé non seulement les superstitions, mais détruit aussi jusqu'aux plus saintes croyances, et le peuple, déjà fort dissolu, est tombé dans un état de dévergondage honteux.

Il est vrai que Santa-Cruz est un pays exceptionnel dans l'île; son port la met en communication avec les marins de toutes les nations, population ordinairement peu scrupuleuse, et qui n'est pas par métier vouée à la continence.

C'est à Santa-Cruz que se fait presque tout le commerce de Ténériffe; les Anglais y importent la presque totalité des objets de consommation, consistant en étoffes de coton, draps, poteries, quincailleries de toutes les espèces, et n'en exportent guère que de la soude et des vins. Ce n'est qu'à de longs intervalles que des bâtiments français apparaissent sur cette rade, et Marseille est le seul port qui ait établi des relations suivies avec les Canaries.

Le lendemain de notre arrivée à Santa-Cruz, nous résolûmes de faire une longue excursion dans l'intérieur de l'île, et nous partîmes pour Laguna, à cinq heures du matin. On nous avait procuré d'excellentes montures du pays, des chevaux petits, grêles, secs, d'une solidité parfaite, durs à la fatigue, ce qui, en voyage, supplée parfaitement à l'élégance.

Dans un pays où, comme dans cette colonie, on n'a aucune idée de la centralisation administrative, chaque ville, chaque hameau est obligé de veiller à l'entretien de ses routes et de pourvoir à tous les frais de réparation. Les Canariens ont imaginé d'alléger cette charge autant que possible, en exigeant des voyageurs un droit de péage qui, à la vérité, n'a rien d'exorbitant. C'était un représentant de la force publique qui, l'escopette à la main, se tenait sur les points en réparation pour faire acquitter cette espèce de tribut. L'intervention de ce belliqueux fonctionnaire donnait à cette taxe l'apparence d'une contribution forcée, dans le genre de celles que les honorables *bandaleros* prélèvent trop souvent sur les routes mal tenues et mal famées de la Péninsule. J'ai acquitté pourtant de tout mon cœur ma part de l'impôt qui sert à adoucir les pentes de cette voie abrupte, qui, bien qu'elle porte le nom de *camino de coche*, ne pourra voir rouler une voiture que lorsqu'on aura payé un nombre infini de redevances semblables à la mienne.

On n'aurait pas une grande idée de la fertilité de Ténériffe, si l'on se bornait à parcourir la route qui conduit de Santa-Cruz à Laguna. Le paysage est d'une aridité affligeante : on n'aperçoit par intervalles que quelques landes de terrain enclavées au milieu des rochers, et où l'on voit quelques carrés de patates ou d'ignames, ou bien quelques plantations de *cactus opuntia* et *acoccinillifer;* puis, dans les endroits dont l'industrie humaine n'a pu vaincre l'aridité, l'*euphorbia canariense*, étendant ses grands bras nus.

Depuis quelques années, on a introduit dans toutes les Canaries la culture de la cochenille, et c'est là que j'ai vu pour la première fois le singulier insecte doué de si précieuses propriétés tinctoriales. A le voir sur la plante qui lui sert de domaine, on le prendrait pour une petite concrétion inerte. Voici à quoi tient cette ressemblance : la femelle de cet hémiptère est totalement privée d'ailes ; elle vit immobile sur le cactus, dans les feuilles charnues duquel elle implante sa trompe, tandis que le mâle, muni d'ailes aux nervures herborisées, vole autour de la plante qui nourrit sa famille. C'est la femelle seule que recherche l'industrie ; elle seule recèle dans son sein la précieuse substance qui fournit une couleur si éclatante et si pure.

Lorsqu'elle a été fécondée, elle s'arrondit comme une petite boule noire, et c'est alors qu'on la recueille, en râclant avec un couteau en bois les cactus qui la nourrissent. On expose alors à une chaleur d'environ quarante degrés le récipient dans lequel on a réuni ces insectes, pour déterminer leur mort, et on les fait ensuite sécher dans une étuve.

Pour assurer la régénération de l'espèce, on a le soin d'enlever quelques femelles fécondées, qu'on place sur des cactus. Lorsque les jeunes larves se développent, la femelle meurt en servant de nourriture et de premier vêtement à sa nombreuse lignée. Quant au petit mâle, élégant, ailé, il promène ses fantaisies en passant de l'une à l'autre de ces petites boules noires, chez lesquelles il sait sans doute découvrir des beautés que nos yeux ne peuvent saisir, et il meurt en prodiguant les témoignages de son amour à son sérail immobile.

C'est en montant toujours, depuis notre départ de Santa-Cruz, que nous sommes arrivés à Laguna, situé dans une grande plaine, qui fut jadis un marais, comme son nom l'indique. Aujourd'hui, il ne reste plus même une flaque d'eau du marais d'autrefois ; une terre fertile a remplacé les eaux stagnantes qui croupissaient dans ce lieu. C'est l'industrie européenne qui a accompli ce travail, le seul peut-être dont elle ait obtenu un résultat complètement productif, depuis qu'elle a fait la conquête de cette terre.

Parvenus sur un point élevé, nous éprouvâmes un froid assez vif. Laguna est située à plus de 1,700 pieds au dessus du niveau de la mer, et, dans ces régions, l'abaissement de la température correspond toujours d'une manière sensible avec l'élévation du sol. Les abords de la ville ne nous donnent pas, au premier coup d'œil, une haute idée de sa magnificence ; nous n'apercevons que de petites huttes, d'où s'échappent des porcs galeux et criards, pourchassés par des enfants aussi sales, aussi criards que l'animal immonde qu'ils conduisent.

Mais à mesure que nous pénétrons dans l'intérieur de la ville, nous revenons de cette première impression. Laguna ressemble aux vieilles cités de la Péninsule. Les rues, solitaires, sont bordées de maisons d'un aspect tout à fait aristocratique. La plupart des portes sont surmontées d'écussons armoriés ; souvent cette pièce héraldique s'appuie sur de délicates sculptures. La vétusté de ces édifices, encore plus que le style de leur architecture, annonce qu'ils ont été élevés peu de temps après la conquête ; ils appartiennent à la grande époque de la monarchie espagnole. Aujourd'hui la mousse ronge ces pierres séculaires ; une végétation microscopique jette une teinte verdâtre sur ces solides constructions, et la joubarbe canarienne étale par grandes touffes, sur les toits, ses feuilles charnues et ses fleurs d'un jaune paille. Ces envahissements de la demeure de l'homme par les espèces végétales donne aux maisons de Laguna un caractère singulièrement original ; ce n'est guère que dans ce pays qu'on aperçoit, sur la façade et jusqu'au faîte des habitations élégantes, les plantes parasites que nous avons accoutumé de trouver seulement parmi les ruines, les décombres, ou sur le toit de chaume de nos paysans.

En arrivant à Laguna, nous prenons gîte chez un Français, vieux chouan, jadis sous-officier dans les armées vendéennes. Ce vétéran, établi depuis longues années à Laguna, tient la meilleure auberge de la ville et rançonne avec une rare impartialité, je dois l'avouer, les blancs et les bleus qui passent d'aventure dans son hôtellerie.

Au déclin du jour, je sortis seul et marchai au hasard dans les rues désertes, m'arrêtant de temps en temps aux carrefours, pour écouter quelques bruits lointains ou la sonnerie des églises. Bientôt le dernier rayon du soleil s'éteignit dans le crépuscule : la nuit arrivait rapidement.

J'avais déjà rendu leur salut silencieux à quelques rares passants, lorsque, au détour d'une rue, je me trouvai en face d'un petit homme pâle, vêtu comme il y a quelques soixante ans, avec un habit à la française, des culottes courtes et des boucles d'argent à ses souliers. Je l'aurais pris assurément pour quelque marquis de l'ancien régime, émigré dans ces lointains parages depuis notre première révolution, s'il n'eût découvert, en ôtant son tricorne, la tonsure cléricale, et si toute sa personne n'avait eu un certain air espagnol, auquel je ne pouvais me tromper. Le brave homme me salua courtoisement et me demanda, en très bon français, s'il pouvait m'être utile à quelque chose.

— A retrouver mon chemin, lui répondis-je, enchanté de la rencontre ; je voudrais savoir seulement à quelle distance je suis de l'auberge du Français.

Le bon père était passablement curieux ; au lieu de répondre directement à ma demande, il m'adressa les questions suivantes avec une précision inquisitoriale qui ne me déplut pas : — D'où venez-vous? où allez-vous? quels renseignements désirez-vous sur ce pays?

Répondant à la dernière de ces interrogations, je lui dis, en le saluant de nouveau :

— Je voudrais bien savoir, mon père, comment il se fait qu'une ville qui possède un évêque, un chapitre de chanoines, une bibliothèque, une université et une population de neuf mille trois cent cinquante habitants, n'a pas le plus petit luminaire pendant la nuit pour éclairer les passants et les empêcher de se heurter contre ses murailles.

Le vieux prêtre me répondit gravement :

— Sachez, mon fils, — je dis mon fils, puisque vous m'appelez mon père, — sachez que les anciens respectaient la sombre obscurité des nuits, parce qu'ils savaient qu'elle agissait sur le cœur de l'homme en lui inspirant une salutaire hésitation. Il faudrait imiter leur sagesse. En déchirant ce grand voile, sous prétexte d'amélioration et de progrès, la plupart des villes n'ont éclairé que leur honte. Nous avons déjà la constitution; faites-nous grâce des réverbères! La constitution nous a fait voir clairement l'ambition haineuse, la rapacité, la cruauté jalouse de nos hommes d'État; les réverbères mettraient à jour le vice brutal de l'homme du peuple, et toutes les turpitudes que la nuit couvre de ses ténèbres.

A cette réponse inouïe, j'eus quelque peine à garder mon sérieux. Pourtant je répliquai sans rire :

— Vos étudiants, mon père, doivent tenir bien moins aux réverbères qu'aux principes constitutionnels, et je suppose qu'à cet égard ils sont de votre opinion.

— Qu'appelez-vous nos étudiants? s'écria le prêtre avec véhémence; sont-ce ces jeunes sacripants à la physionomie rébarbative, et vêtus Dieu sait comment? Ces pendards, mon fils, ne sont pas des étudiants; le dernier étudiant de notre université est mort dans l'humble soutanelle, cette livrée de la pureté, de l'étude et de la pauvreté; les bandits dont vous parlez sont des ergoteurs, qui se moquent de leurs maîtres, lesquels le leur rendent bien; les uns ne valent pas mieux que les autres, c'est certain, et tous ensemble concourent efficacement à la désorganisation du monde.

En causant ainsi, mon interlocuteur m'avait ramené devant l'auberge du vieux chouan; il me laissa sur le seuil en me promettant de venir me voir le lendemain.

Nous goûtâmes un doux repos sur les planches de nos lits, car je ne puis croire, quoique notre hôte l'ait affirmé, que la chose placée sur ce bois mal raboté était un matelas. Le reste de l'ameublement répondait, d'ailleurs, à cet excellent lit; il n'y avait, dans cette grande chambre, qu'une chaise de paille, un gigantesque crucifix et une vieille malle.

Le lendemain, nous eûmes le plaisir de déjeûner à une table fort rapprochée de celle où s'étaient assis quelques étudiants en droit de Laguna : je dois avouer que mon guide de la veille, le père que je ne revis plus, n'avait été que juste envers eux. Ces pendards, comme il les appelait, avaient été assez téméraires pour ôter leur cape; ils étalaient un costume aussi délabré que les guenilles de Lazarillo de Tormès, et leur conversation était en harmonie avec leur tenue.

A peine fûmes-nous hors de l'hôtel, que les petits mendiants de Laguna nous saluèrent, comme ceux de Santa-Cruz, des cris de : « *Dis donc*, un quartillo! » variés sur tous les tons, et avec une persévérance à faire succomber le flegme le plus britannique. Nous eûmes beau nous servir des locutions les moins polies et les plus énergiques de la langue espagnole pour dissiper cette foule de mendiants sans vergogne, ce fut en vain. Il fallut subir toutes les importunités de ce cortége déguenillé.

Nous visitâmes quelques églises de Laguna. On ne peut rien dire, en vérité, de ces édifices, qui n'ont pas plus de caractère qu'une moderne église de village. Notre projet était de voir aussi l'Université; mais nous ne trouvâmes qu'un concierge de fort mauvaise humeur, qui se dispensa de nous montrer le local.

Les environs de Laguna, et les terres cultivables qui en dépendent, sont peuplés de petites cabanes aux toits inclinés et couverts de chaume. Ces maisonnettes rappellent tout à fait celles de nos paysans des Alpes et des Pyrénées. Les bestiaux qui paissent dans les champs sont forts et d'une belle apparence; mais tout le paysage est nu, monotone, comme les plaines de la

Brie. On ne recueille que du froment sur cette terre, où ne sauraient mûrir les fruits des tropiques.

Nous séjournâmes à Laguna, pour aller visiter Agua-Guillen et la Fuente de las Mercedes, qui sont les deux points les plus pittoresques de ses environs. L'un et l'autre sont situés au milieu des bois, sous des dômes d'une verdure dont aucune saison ne saurait flétrir l'éternelle fraîcheur. Les forêts des Canaries n'ont pas la majesté des forêts vierges de l'Amérique, de la Malaisie et de l'Inde. Les essences qui les composent se rapprochent de celles de nos pays par leur port et leur feuillage; si le convolvulus *canariensis* et le convolvulus *scoparius*, qui se roulent en spirale au sommet des lauriers, des ardisia et des viburnum, comme de grandes lianes, si les frondes ambitieuses des fougères presque arborescentes ne leur donnaient un caractère spécial, on pourrait se croire au fond de nos bois de chêne, de hêtre et de bouleau. Dans ce pays aimé du soleil, partout où coule un filet d'eau, une végétation abondante pare la terre. Les arbres aux grandes branches plongent dans le sol rocailleux leurs fortes racines, tandis que les mousses, les fougères, les convolvulus attaquent les grands blocs de basalte détachés sur le sol et leur font une belle robe de verdure et de fleurs. C'est la partie intermédiaire des montagnes qui est peuplée de lauriers et d'ardisia; les zones plus élevées sont ordinairement envahies par des pins, qui, sauf leur plus grand développement, ressemblent beaucoup au pin d'Alep; plus haut encore, on ne trouve plus que des bruyères et des cystes, qui atteignent jusqu'aux limites où toute végétation arborescente cesse, où le sol ne nourrit plus que des plantes herbacées. Nous avons parcouru ces différentes zones de végétation, et quel que soit le lieu que nous ayons atteint, nous avons été frappés de l'absence des espèces animales; nous n'avons rencontré dans ces solitudes que très peu d'oiseaux et presque pas d'insectes; il n'y avait guère que quelques papillons butinant sur les fleurs.

Le serin canarien lui-même a presque disparu de sa contrée natale; ce n'est qu'à de rares intervalles qu'on en voit quelques individus avec leur robe jaune et verte, perchés sur le sommet des arbres, où ils font entendre leur ramage naïf, lequel n'a rien de la précision, de l'éclat de celui de leurs frères d'Europe, ces chanteurs savants et ennuyeux, dont le plumage même est fort éloigné du type primitif.

Une chose assez bizarre, c'est que presque tous les versants des parties les plus boisées sont dégarnis de végétation; en revenant d'Agua-Guillen, nous parcourûmes un de ces versants complètement dépourvu de plantes, et habité par un petit aigle fauve, qui faisait entendre au dessus de nos têtes son cri rauque et sauvage. Lorsque nous commençâmes à rencontrer de nouveau des terres cultivables, nous trouvâmes les paisibles possesseurs de ces domaines, à moitié sauvages, établis sous des grottes naturelles, leur seul abri. Les mêmes lieux avaient sans doute été, il y a quelques siècles, le séjour des anciens habitants de ces contrées, des antiques familles de Guanches. Qu'étaien devenus ces légitimes possesseurs de Ténériffe? Ils étaient morts en défendant leurs domaines. Les vainqueurs leur ont sucoédé sans craindre que jamais une autre race conquérante les chasse de cette patrie usurpée.

De retour à Laguna, nous allâmes visiter ce qu'on appelle trop fastueusement le Musée. Nous n'y trouvâmes qu'une réunion de coquilles brisées, d'oiseaux éclopés et deux momies de Guanches qui ne valaient certainement pas celles qui font partie de la collection de la Faculté de médecine de Montpellier, lesquelles ont probablement été données à cet établissement par le savant Broussonet, qui fut consul de France dans ces parages. Nous aurons occasion de revenir sur cette singulière coutume d'embaumement, qui prouve que ceux qui le pratiquaient avaient déjà atteint une civilisation très avancée.

Nous partîmes de Laguna pour aller au Puerto d'Orotava, à cinq heures du matin, par une belle matinée un peu froide. Assis commodément sur des montures que précèdent nos guides, lesquels, suivant l'usage du pays, chantent en mauvais vers espagnols l'éloge de leurs maîtres du moment, nous parcourons du regard les pics culminants qui nous entourent, et que la foi géologique énumère aujourd'hui sous le nom pittoresque de *cônes de soulèvement*. Comme un géant au milieu d'un peuple de nains, le grand cratère de Teyde cachait sa tête auguste dans un nuage transparent; cette légère vapeur ressemblait au voile du sanctuaire qui couvre la face d'un dieu et permet de le deviner à travers son enveloppe de gaze, mais non de le contempler dans toute sa grandeur.

Le chemin qui conduit de Laguna à Orotava est un ravissante promenade; on traverse des campagnes parfaitement cultivées, des bois silencieux et profonds, des côtes arides, terminées par des sommets circulaires, que notre orthodoxie géologique nous force à considérer comme d'anciens cratères. On rencontre le long des sentiers quelques femmes canariennes, avec leurs chapeaux d'homme, et quelques hommes drapés dans les grandes couvertures blanches, qui leur servent de vêtement pendant le jour, et de lit pendant la nuit; à de longs intervalles, quelques bandes de mulets chargés de marchandises, quelque chamelier, encourageant de la voix son paisible compagnon, qui marche le cou tendu et l'œil au guet.

Les chameaux ont été introduits aux Canaries peu de temps après la conquête, par un gentilhomme français, M. de Bethencourt; depuis lors, ils ont parfaitement prospéré, et rendent d'importants services dans ce pays privé de prairies grasses et productives.

Peu de temps après notre départ de Laguna, nous prîmes un sentier à notre gauche, et nous nous enfonçâmes dans des bois épais, qui nous conduisirent à Agua-Garcia, jolie source qui coule sous la protection de lauriers séculaires qui abritent son onde limpide. L'eau argentée court sur une mousse épaisse, à travers les troncs d'arbres renversés, les frondes flexibles des fougères, les branches inclinées des ilex, et va porter enfin un peu de fraîcheur et de fécondité dans les jardins d'un petit village situé à l'extrémité du bois.

J'entrai dans une maison, la plus apparente de cette bourgade : c'était un pauvre logis, couvert de chaume. La famille était attablée autour d'un grand plat de lupin bouilli, qui lui servait de pain; des ognons crus accompagnaient ce fade aliment; pourtant ce frugal ordinaire suffisait à l'appétit de ces bonnes gens; les hommes avaient l'apparence d'une santé robuste; les femmes étaient fortes et fraîches.

En quittant les bois d'Agua-Garcia, le chemin descend sans cesse et tourne la montagne pour pénétrer dans la vallée d'Orotava. L'entrée de cette vallée produit sur le voyageur une surprise des plus vives; il quitte à peine un bois touffu, des rochers grisâtres et nus, des champs de blé, une nature agreste et sauvage, lorsque, à deux pas, au détour d'un rocher, sa vue embrasse tout à coup un amphithéâtre immense, sur lequel sont étagés des bourgs, des hameaux, des villages, deux villes, des jardins d'orangers et de citronniers, des champs de vignes, des bois de pins, et, pour horizon à ce tableau, la mer et le volcan! Il est impossible de ne pas s'arrêter étonné devant toute cette richesse dans un si petit espace, de ne pas envier ceux qui vivent dans cet Eden. Nous descendîmes cette côte les yeux fixés sur le panorama magnifique qui renferme Orotava, El Puerto, les deux Realejos, Realexo-Alto et Realexo-Bajo, deux jumeaux qui se sourient à travers le feuillage d'orangers qui les couvre. Le pic immobile, sombre et toujours couronné de nuages, la mer clapotante, mais non agitée, forment le cadre de cet immense tableau, dont aucune parole ne saurait rendre la grâce et la majesté.

A peu de distance de la ville del Puerto, nous nous arrêtâmes au jardin d'acclimatement. Cet établissement, qu'avait dirigé le savant historien des Canaries, M. Berthelot, est tombé aujourd'hui dans des mains indignes. Mais, tel qu'il est, il montre le parti qu'on pourrait tirer de sa position, en en faisant l'entrepôt des richesses végétales du monde entier. Alors ce lieu aurait pu devenir un jour le rendez-vous de l'habitant des tropiques et de l'habitant du Nord, venant contempler, dans une égale admiration, les productions qui leur sont mutuellement inconnues. Sous ce ciel favorisé, et dans ce petit espace, le cafier d'Arabie, la banane de l'Inde, le cacaotier américain, le canellier de Ceylan, le poirier, le pommier, la vigne, le pêcher, fils de nos climats, vivent de compagnie, sans que rien entrave leur développement, sans qu'ils aient mutuellement à supporter des excès de température incompatibles avec leur nature. Que résulterait-il, après un certain nombre de siècles, de cette culture en commun de presque toutes les espèces végétales de notre planète? C'est ce qui préoccupe assez peu les savants de nos jours, fort occupés à compter des étamines et des pistils, et fort indifférents, je dirai même fort opposés à toute expérimentation qui n'a pas pour but la constatation d'un fait sans application philosophique. D'ailleurs, ce n'est guère un pays comme l'Espagne qui pourrait coopérer à cette œuvre grandiose, et en établissant un jardin d'acclimatement, elle n'avait eu d'autre intention que de procurer aux habitants del Puerto un lieu de promenade, et subsidiairement de constater quels étaient les produits tropicaux qui pourraient être cultivés aux Canaries.

Puerto d'Orotava compte environ quatre mille habitants. C'est une petite ville, propre et jolie, ornée d'une place qu'ombragent de beaux arbres. Ce séjour me parut, sous tous les rapports, préférable à celui de Santa-Cruz. Cependant, tout le commerce est concentré dans cette dernière ville, et il est probable qu'il ne se déplacera pas. Les navigateurs recherchent moins les sites pittoresques, les beaux paysages, que les ports bien abrités, et je crois que la rade de Santa-Cruz est beaucoup plus sûre que celle del Puerto. L'aspect de la ville est très animé, la rade est peuplée de barques de pêcheurs, et, sous les arbres de la promenade, les marchandes de fruits et de poisson offrent, avec un sourire égrillard, leurs denrées aux acheteurs.

Le lendemain, nous montâmes à cheval dans la matinée pour parcourir cette vallée, que nous n'avions qu'entrevue la veille, et que nous voulions connaître dans ses détails. Un des personnages les plus considérables de l'île, M. le marquis de Collogan, qui s'était mis à la disposition de M. l'ambassadeur, nous accompagna dans cette excursion. Cette promenade dura toute la journée et nous donna une idée suffisante de la magnifique vallée d'Orotava. Nous visitâmes les diverses propriétés de M. de Collogan, la Rambla et les deux Realejos.

Toute la culture de la partie haute de la vallée consiste en vignes, qui croissent admirablement dans le sol volcanique, et dont les produits sont fort considérables; c'est même aujourd'hui la plus grande ressource de cette contrée, qui exporte partout ses vins alcoolisés sous le nom de Madère ou de Shery. A différentes reprises, les éruptions du volcan ont partiellement dévasté la contrée et couvert le sol cultivable d'une lave légère; on attend, dans ce cas, que le refroidissement de cette couche minérale se soit opéré; on la brise alors, et on remet en culture le sol qui avait été superficiellement solidifié.

En parcourant ces campagnes volcaniques, je prends une idée de la formation des *barrancos*, espèce de ravins aux rives escarpées et taillées à pic, qui sillonnent toutes les Canaries, comme des rayons perpendiculaires à un axe. Je restai convaincu, après les avoir examinés, que ces espaces n'ont pas été creusés par l'effet des eaux, comme le lit des torrents, mais qu'ils sont dus à un retrait de la matière en fusion, retrait qui s'est opéré par le refroidissement.

Tous les villages disséminés dans cette vallée se ressemblent: chaque maison est entourée d'un verger de bananiers et d'orangers, à l'abri desquels croissent la patate, l'igname et la plupart des autres plantes tropicales. Ces possessions sont arrosées par de petites sources, qui s'écoulent, pour ainsi dire, goutte à goutte sur le sol, dont elles entretiennent la fraîche végétation.

A Réal-Exoalto, je voulus acheter des oranges; on me conduisit dans un petit jardin clos de murs. Ce n'était pas le terrible dragon du jardin des Hespérides qui en gardait l'entrée, mais une belle fille à l'œil noir, à la taille fine et cambrée. Elle me conduisit sous les ombrages odorants, abaissa les branches flexibles de l'arbre aux pommes d'or, et me tendit ces beaux fruits en babillant comme un oiseau. C'était une de ces créatures naïves et charmantes, comme Dieu en fait naître quelquefois dans les nombreux paradis qu'il a disséminés sur cette terre. Elle me fit part ingénûment de sa situation de fortune et de ses sentiments. Sa mère, en mourant, lui avait legué ce verger; c'était toute sa dot, mais ce petit domaine suffisait à ses besoins. Elle n'avait pas d'*amigo*; mais elle voulait un bon mari pour partager cette humble fortune, suffisante *para los dos*, disait-elle. En écoutant cette belle jeune fille, en songeant combien les besoins sont bornés dans ce pays, où un coin de terre fournit à toutes les nécessités de la vie, je me surpris à voir dans quelques arpents de terre et cet œil noir, la réalisation de tous les désirs et le terme d'une heureuse et paisible existence.

La villa d'Orotava est située à peu de distance des Realejos. Sa population est de huit à neuf mille âmes; elle est la seconde ville de l'île. Elle est habitée par quelques familles, qui ont conservé les traditions aristocratiques, les vieilles mœurs espagnoles, mais non les habitudes magnifiques de l'ancienne noblesse. Leur pauvreté égale presque l'antiquité de leur origine, et elles vivent retirées au fond de leurs belles maisons, dans lesquelles, de mémoire d'homme, aucun voyageur, aucun étranger, n'a été admis.

J'ai vu de loin une église monumentale, assise sur une éminence, et quelques constructions qui semblent appartenir à une époque plus prospère. La villa Franchi, située près d'Orotava, est un endroit connu de tous les botanistes, à cause du phénomène végétal que renferme son jardin. Ce phénomène est un draconier, qui était déjà en grande vénération dans l'île lorsque les Espagnols en firent la conquête, il y a plus de trois cents ans. Les Guanches le regardaient comme un arbre sacré, à cause de son antiquité. Le stipe de ce magnifique végétal avait, en 1843, lorsque nous le mesurâmes, 14 mètres 80 centimètres de circonférence, à 1 mètre au dessus de terre ; encore avait-il perdu, dans un ouragan, le tiers de sa rotondité. Par des calculs fort ingénieux et du reste fort probables, les botanistes font remonter à plus de quatre mille ans l'époque de sa naissance. Lorsque nous l'avons vu, le célèbre vieillard était dans le plus bel état de vitalité, et ne donnait aucune inquiétude sur son existence ; il étendait majestueusement ses rameaux sur les arbres qui croissaient aux alentours, et abandonnait aux vents les petites fleurs blanches, qui tombaient de son front vénérable comme une poussière odorante. Le géant végétal est là debout, au pied du pic de Teyde, cet autre géant, qui recèle du feu dans son sein, comme pour porter, au nom de la nature organique, un défi de longévité à la nature inanimée. Qui sait depuis quel temps a commencé cette lutte, et lequel des deux doit céder, de la pierre ou de l'arbre? Peut-être sont-ils-ils nés le même jour : l'un sortant de l'eau, poussé par une invincible force, à travers les commotions terribles, et l'autre, faible graine emportée par le vent, venant tomber sur ce sol nouveau. Qui pourrait dire, devant cette terre qui tremble, si leurs destinées ne sont pas fatalement liées et si la même catastrophe ne doit pas les faire disparaître, le sommet gigantesque s'abîmant sur lui-même, et la mer reprenant possession de son domaine?

La villa Franchi appartient aujourd'hui à M. le marquis de Collogan, notre aimable guide. C'est un but de promenade visité par tous les voyageurs qui pénètrent dans l'île. Indépendamment du célèbre draconier, ces beaux jardins renferment beaucoup de végétaux précieux, et, à cette première étape tropicale, on est pressé de voir tout ce qui a rapport aux productions du pays que l'on va parcourir. L'habitation qui domine la vallée est un séjour délicieux, bâti sur le modèle de nos anciens manoirs seigneuriaux. On découvre du haut de la terrasse un ravissant paysage, de profondes masses de verdure, au dessus desquelles flotte le vert panache des palmiers ; d'agrestes sentiers, bordés d'aloës, dont la hampe dépasse la cime des arbres, et par delà l'Océan, qui miroite sous un ciel toujours pur.

Le soleil était à son déclin lorsque nous descendîmes de la villa à *Puerto* : avant de rentrer dans cette ville, nous nous arrêtâmes au bord de la mer, dans une ravissante maison de campagne, habitée par un Anglais. Sa femme, très jeune et très belle, faisait l'éducation de deux petits enfants blonds et roses comme des chérubins ; le mari n'avait d'autre spécialité apparente que de faire des ascensions au pic ; c'était sa manie. Depuis six ans qu'il habitait Orotava, il avait été le compagnon de tous les étrangers qui avaient gravi l'âpre sommet. En apprenant que plusieurs personnes de la légation avaient tenté sans lui cette escalade, il nous dit laconiquement : « Je gravirai le pic dans trois jours... » et il a tenu parole.

Nous avons trouvé des Anglais dès notre première étape, et, depuis lors, nous les avons rencontrés partout où il y a un beaftek à manger, en présence d'un beau site, dans une douce température. La race anglaise est la seule aujourd'hui qui, grâce à sa richesse, jouisse de tous les biens disséminés sur la terre ; elle est vraiment en possession du globe, et il n'est aucune partie connue de ce vaste univers qui ne concoure à assurer les jouissances de quelque enfant de la brumeuse Angleterre. Comment se fait-il que le peuple artiste par excellence, celui qui est le plus apte à apprécier les merveilles de la création, qui sait le mieux s'identifier avec le génie des peuples divers, se résigne à se confiner chez lui, et ne dispute point à ses jaloux voisins la possession d'un bonheur que Dieu a créé pour l'espèce entière, et non pas pour la satisfaction d'un seul peuple ?

A notre retour à Santa-Cruz, nous fûmes témoins d'une grande manifestation politique. Les autorités canariennes avaient reçu la notification officielle de la proclamation de la majorité de la reine Isabelle, et le chef politique annonça au peuple et aux troupes le *joyeux* avénement de la jeune souveraine. Cette proclamation se fit avec la solennité mesquine qui caractérise les manifestations politiques de notre temps et les révolutions écloses sous l'inspiration des doctrines philosophiques du siècle dernier.

Le dimanche, à midi, le peuple et les troupes rassemblés sur la place de la Constitution, en face du palais du gouverneur, attendaient avec indifférence les communications officielles annoncées dès le matin ; le corps des hauts fonctionnaires, répandu dans les vastes appartements du palais, stationnait par groupes devant les fenêtres qui s'ouvraient sur le lieu du rassemblement. A la voix d'un huissier, on fit silence dans la foule, et un monsieur, en habit noir, en cravate blanche, ne portant aucun insigne qui annonçât la dignité dont il était revêtu, se présenta sur le balcon du palais pour haranguer la population. On pouvait se demander, en voyant ce personnage, que rien ne distinguait du commun des mortels, si l'on avait sous les yeux le premier dignitaire civil d'un pays constitutionnel ou le régisseur d'un théâtre de province dans l'exercice de ses fonctions; pourtant c'était bien là réellement le chef politique des Canaries. Il raconta laconiquement les événements qui avaient amené l'expulsion d'Espartéro de la Péninsule et l'émancipation de la jeune reine par les Cortès; en terminant sa rapide improvisation, il chercha à émouvoir ses auditeurs par quelques phrases boursoufflées. Mais à peine quelques voix, parmi le peuple, s'unirent-elles à la voix des fonctionnaires pour répéter les cris de *viva la reyna!* vive la Constitution! qui clôturèrent le discours officiel.

On sentait que ce peuple, drapé de vêtements bizarres, couvert de haillons pittoresques, et spectateur à peu près indifférent de ce petit acte politique, était en arrière d'un siècle avec les messieurs emprisonnés dans des habits noirs étriqués, des pantalons collants et des gants jaunes, qui se disaient les chefs de cette foule déguenillée.

Lorsqu'on eut joué cette première scène sur la place de la Constitution, les autorités reçurent le serment de fidélité des troupes et de la garde nationale. La garde nationale se composait, à la Santa-Cruz, de deux ou trois cents propriétaires, marchands, etc., convenablement équipés, et portant aussi militairement que nos soldats citoyens le mousquet et le sabre, et d'une centaine de honteux bizets. Dans ce pays, le tiers-état n'a pas encore fait son éducation militaire, et, bien qu'en définitive ce soit lui qui profite des avantages du nouvel ordre de choses établi en Espagne, on pourrait constater qu'il y avait peu d'élan, peu d'enthousiasme, dans cette partie de la population; la majorité paraissait satisfaite d'un résultat qui devait assurer la tranquillité de la Péninsule, ce qui s'est réalisé; mais elle ne témoignait pas son contentement par ces manifestations exagérées dont les Espagnols ont l'habitude.

Nous vîmes défiler devant nous les 2,000 hommes qui composent la petite armée canarienne; ces soldats, au visage basané, à la taille grêle et élancée, avaient assez bonne façon sous leur frac vert, bordé de liserés jaunes. Tous portaient le pantalon de toile blanche; et ceci se passait le 31 décembre. Cette circonstance, insignifiante en elle-même, nous fit songer à la différence de physionomie que présentait, au même moment, notre grande capitale et cette petite ville des îles Canaries.

A Paris, l'atmosphère, privée de soleil, était froide et brumeuse, les arbres des boulevarts portaient des glaçons sur leurs branches noires et grêles; les rues étaient envahies par une foule frileuse et affairée; les voitures roulaient en grinçant sur un pavé couvert de givre; les femmes voilaient, sous les plis amoncelés de leurs lourds vêtements, l'élégance de leurs formes et la grâce de leurs contours; tout enfin était empreint de tristesse, et semblait participer au deuil de la nature, à cet état d'engourdissement et d'insensibilité qui est presque la mort! A Santa-Cruz, au contraire, le soleil, étincelant dans un ciel sans nuages, reflétait ses rayons sur la mer azurée et immobile. Une foule, bizarrement drapée dans de légers tissus, parcourait lentement les rues, abandonnant au vent, d'une lèvre distraite, la fumée d'une cigarette odorante. Dans cet air tiède, chacun avait le libre exercice de ses mouvements, on ne ressentait pas ces contractions douloureuses que font éprouver nos rudes hivers. Sur les murs en ruine de quelques jardins, renfermés dans l'intérieur de la ville, on voyait de grands aloës confondre leurs lances aiguës avec le feuillage vert et les fruits jaunes de l'oranger; et, du centre de ces longues piques aux reflets métalliques, s'élançaient des hampes gigantesques couronnées de fruits arrondis, semblables aux grelots immobiles d'un pavillon chinois.

L'influence de ce milieu doux et tiède, la vue de cette population heureuse dans son dénuement, l'aspect de ces plantes tropicales, parées de fruits et de fleurs, entraînèrent ma pensée dans une suite de réflexions; je m'étonnai que, dans ce pays, où la vie est naturellement nonchalante et sensuelle, tant elle est facile, les idées politiques pussent avoir le moindre retentissement. Il me semblait alors que les habitants de ces pays privilégiés, où le travail est un jeu, étaient destinés à vivre par les affections, par le cœur, plus que par l'intelligence, et que ces luttes de l'ambition n'étaient permises que dans les âpres régions, où le travail est une souffrance, et où le pauvre éprouve des besoins qu'il ne peut satisfaire!

Malheureusement la réalité donnait un démenti à ce raisonnement; car, bien qu'il y eût peu d'enthousiasme dans la partie de la population qui s'intéressait au mouvement politique, elle était fort préoccupée des derniers événements. Cette préoccupation était d'ailleurs fort naturelle; chacun se demandait si le changement survenu dans le personnel du gouvernement amènerait la révocation d'une mesure de l'administration espartériste, qui ne tendait à rien moins qu'à ruiner presque totalement les grands et petits propriétaires des Canaries. Par suite d'un usage que des idées catholiques exagérées avaient jadis établi dans ce pays, les mourants avaient la coutume de laisser au clergé une certaine somme pour célébrer des messes à leur intention. Ces sommes étaient ordinairement exorbitantes, eu égard à la fortune des testateurs. Ceux-ci mettant en doute la fidélité de leurs héritiers à remplir leurs intentions, en assuraient l'exécution en indiquant les propriétés qui répondaient de leurs legs pieux. Les gens bien avisés ne manquaient pas, à la mort de leurs proches, de prendre des arrangements avec l'autorité ecclésiastique, d'ailleurs fort accommodante, pour se libérer de leurs dettes; mais la prévoyance n'est pas une vertu populaire, et beaucoup se contentaient de payer une partie du legs, comptant sur la tolérance et le désintéressement de leurs créanciers. Le clergé canarien n'avait jamais réclamé l'excédant des sommes qui lui étaient dues; l'usage avait fait loi, et la part acquittée au décès d'un mourant était acceptée comme l'intégralité de la somme léguée; mais le gouvernement révolutionnaire, s'étant emparé des biens du clergé, revenait sur ces dettes, et voulait exiger non-seulement la totalité des sommes dues, mais encore les intérêts accumulés de ces sommes. Triste retour des choses d'ici-bas! Beaucoup de braves Canariens avaient secondé le mouvement révolutionnaire, dans la prévision que, tôt ou tard, les exigences de leurs bienveillants créanciers pourraient se réveiller, et, en voulant se soustraire à cette crainte permanente, quoique peu fondée, par le fait de leur révolte, ils s'étaient jetés entre les mains d'un pouvoir pressé d'argent, qui les spoliait brutalement.

Cette circonstance explique l'anxiété d'une partie de la population en présence des derniers événements, la satisfaction qu'elle en ressentait et la haine profonde qu'elle portait au régent, lequel comptait certainement autant d'ennemis qu'il y avait d'habitants à Santa-Cruz.

Ténériffe, comme toutes les autres îles canariennes, est aujourd'hui dans un état précaire. Depuis quelques années, les navigateurs abandonnent ces bords jadis si fréquentés et vont se pourvoir ailleurs des produits de même nature que ceux qu'on y récolte. Les vins alcooliques de l'Archipel sont exportés avec peine; les soudes que l'on retire de l'incinération des plantes qui croissent le long des côtes et les potasses que l'on obtient en brûlant les arbres des forêts de l'intérieur, se vendent à vil prix.

Les grandes coulées volcaniques de ces îles sont presque entièrement couvertes d'une croûte lichenoïde qui forme sur le fond noir du rocher des herborisations jaunes et blanches. Ces concrétions microscopiques, qui rongent la pierre aride et nue sur laquelle elles se développent, sont devenues entre les mains des industriels une précieuse substance tinctoriale. Dans les premiers temps de la Restauration, les Anglais et les Français venaient à Ténériffe se pourvoir de ces lichens lithophages, qu'ils achetaient à haut prix; mais aujourd'hui l'Angleterre retire ce produit de la côte d'Angole, et l'on a constaté en France que presque tous les rochers des Alpes, des Pyrénées et des Cévennes étaient attaqués par ce premier agent de la nature organisée.

Il serait difficile de déterminer l'époque à laquelle remonte l'emploi de ces cryptogames comme substance colorante. Probablement leur propriété tinctoriale a été connue de l'antiquité. C'est peut-être avec ces lichens qu'on préparait aux Canaries, du temps du roi Juba, cette pourpre de Gétulie presque aussi estimée à Rome que celle de Tyr, et c'est à leur abondance sur les immenses rochers qui hérissent ce petit groupe d'îles qu'est dû le nom de *Purpurariæ*, sous lequel plusieurs d'entre elles étaient désignées. Ce qui donnerait quelque vraisemblance à cette opinion un peu hasardée, c'est que les mollusques tinctoriaux sont moins communs dans ces parages que sur les côtes où les Romains allaient chercher les éclatants tissus dont ils aimaient à se parer; il est donc probable qu'on opérait dans les ateliers des îles *Purpurariæ* avec un autre agent que celui employé à Sidon et à Tyr.

Lorsqu'on s'est aperçu que définitivement la récolte des lichens ne rapportait plus rien, les propriétaires canariens ont tenté de substituer à ce produit indigène un produit exotique; et, pensant remplacer ce qu'ils avaient perdu, ils ont fait venir la cochenille.

Malheureusement l'industrie humaine, quelle que soit son activité et sa persévérance, ne saurait égaler la puissante fécondité de la nature. L'industrie, malgré ses efforts pour créer une nouvelle source de richesses, n'obtient encore que des récoltes sans importance, qui ne présentent qu'un chiffre insignifiant dans le revenu des îles, tandis que la nature, en couvrant les rochers d'une végétation microscopique, les avait libéralement dotées d'un produit d'une grande valeur.

L'état de gêne, de dénuement dans lequel végète aujourd'hui la population canarienne lui inspire parfois des sentiments peu philantropiques. J'ai souvent entendu des hommes, dans une position élevée, exprimer le regret que le temps de nos grandes luttes avec les puissances européennes fût si loin de nous, et que ces guerres sanglantes ne pussent recommencer désormais. Alors les Canaries étaient des espèces de ports francs, où relâchaient les flottes et les corsaires des nations belligérantes: les équipages de ces navires, tous composés de gens dissolus et bien payés, jetaient l'argent à pleines mains pendant leur séjour dans les îles, et ce beau pays était journellement le théâtre de réjouissances que l'imagination des matelots peut seule inventer. Les belles Canariennes et les vins brûlants de ce sol volcanique étaient surtout fêtés dans des orgies auxquelles l'appareillage des navires en relâche pouvait seul mettre un terme. Qu'est-il resté cependant de ces jours de prospérité éphémère, que les Canariens regrettent si vivement? Rien que l'avilissement et la misère. Quelques spéculateurs avides ont pu, il est vrai, réaliser des gains considérables, ce qui n'a rien ajouté à la fortune publique; mais les hommes du peuple ont contracté les habitudes les plus immorales et les plus honteuses! Ils n'obtenaient quelque argent de la dissipation proverbiale des marins qu'en fermant les yeux sur la conduite de leurs femmes et de leurs filles.

Cette époque a engendré une corruption générale chez les classes pauvres. Les femmes, que la misère dégrade de plus en plus, dédaignent le travail et font ouvertement ressource des caprices qu'elles inspirent. Quand elles sont vieilles et laides, elles mendient. Aussi n'est-il aucune jeune fille parmi les classes inférieures qui ne sache de très bonne heure que la beauté est un bien précieux, que ce bien constitue leur seule richesse, et qu'il faut en tirer tout le parti possible; mais c'est la mendicité surtout qui est la plaie et le fléau des Canaries; je crois pouvoir affirmer sans exagération que les deux tiers de la population demandent l'aumône.

Un soir que j'étais sorti de Santa-Cruz par les rues hautes de la ville, et m'engageais dans un des étroits sentiers qui serpentent le long de la route accidentée de Laguna. Le soleil disparaissait à l'horizon et teignait de pourpre la grande Canarie, qui semblait flotter comme une nef dorée sur la mer d'un bleu sombre. Pas un souffle d'air ne faisait vaciller les herbes sèches du chemin; l'euphorbe canarienne, dont les tiges contournées, disposées circulairement sur un pied unique, forment comme un vaste candélabre; les cactus aux raquettes armées de pointes, les dracœna hérissés de feuilles tranchantes, aiguës, étaient muets et immobiles. Les orangers même, dont le feuillage sonore s'éveille à la plus légère brise, couvraient silencieusement le toit de quelques misérables cabanes disséminées au milieu des rochers. Aucun oiseau ne chantait; aucun insecte ne criait sous l'herbe; à peine entendait-on, à de longs intervalles, frissonner les ailes de gaze de quelque libellule, bruire quelque bombix, au vol pesant; car nous étions à la fin de l'hiver; les insectes étaient encore rares, et, malgré l'extrême douceur de la température, bien peu s'aventuraient à bourdonner aux dernières clartés du jour.

Tout à coup, au détour d'un sentier, j'entendis les voix confuses d'une dizaine de femmes qui revenaient de la ville, causant et caquetant comme des oiseaux jaseurs. Elles marchaient à la file l'une de l'autre. La plupart portaient sur leur tête des vases ou des corbeilles, dont elles régularisaient les mouvements oscillatoires avec une main relevée au dessus de leur tête. Je me rangeai sur le bord du sentier pour laisser défiler cette petite caravane, et fis un appel à ma mémoire pour répondre, le plus grâcieusement possible, dans une langue que j'épelais à peine, au salut amical que je m'attendais à recevoir de chacune de ces femmes. Quel ne fut pas mon désappointement lorsque j'entendis chacune d'elles, en passant devant moi, m'adresser de sa voix fraîche et argentine, la monotone requête des petits mendiants de la ville : — Dis donc, *un quartillo, senor!* Le dégoût que m'inspirèrent ces basses habitudes de mendicité me fit détourner la tête pour laisser passer, sans leur donner un regard, ces quêteuses éhontées; mais la dernière mit dans sa demande une telle insistance, qu'involontairement je levai les yeux sur elle. Je fus frappé de l'élégance de sa taille et de la beauté de ses traits. C'était une grande fille, plus élancée que ne le sont généralement les Canariennes, au teint très légèrement bronzé, aux yeux noirs et brillants. Elle portait sa mantille de calicot, d'une propreté irréprochable, drapée avec une certaine noblesse; son front haut annonçait de l'intelligence, son nez légèrement arqué et ses lèvres minces, une certaine résolution.

Au lieu de continuer son chemin, comme ses compagnes, après m'avoir adressé l'inévitable formule, elle s'était arrêtée devant moi et me considérait avec une expression presque moqueuse. Un peu piqué de cette hardiesse, je lui dis avec aigreur :

— Êtes-vous donc une bohémienne pour demander un quartillo au premier passant que vous rencontrez sur votre chemin?

— Je ne suis pas une bohémienne, me répondit-elle de sa voix la plus douce; je vous ai demandé un quartillo dont je n'ai que faire; ne savez-vous pas, caballero, qu'une jeune fille ne peut pas toujours demander ce qu'elle désire?

— Les hommes ne sont pas dans le même embarras à leur égard, repris-je plus doucement, et si vous le voulez, je suis prêt à vous dire ce que je désire en ce moment.

— Je le sais, senor, et comme cela me concerne quelque peu, je pense, je veux bien vous éviter la peine de me l'apprendre. La soirée est fraîche; la lune est déjà sur l'horizon, venez avec moi, senor; ma maison n'est pas trop loin d'ici, tous ceux qui l'habitent vous accueilleront avec plaisir.

A cette proposition inattendue et quelque peu dangereuse, j'éprouvai, je l'avoue, une certaine émotion. J'entrevis sans effroi les résultats probables d'une pareille promenade. La beauté du ciel, la douceur de l'air, les parfums que répandaient les petites plantes aromatiques qui croissaient le long du chemin, me tentaient déjà; je me mis à suivre résolument les pas de ma conductrice.

Depuis que j'avais rencontré ces jeunes femmes, le paysage avait entièrement changé d'aspect; le soleil éteignait ses dernières clartés dans les profondeurs de l'Océan; la lune s'était levée sur nos têtes et nageait mollement dans un fluide bleu, sablé de points d'or. A la pâle lueur de ses rayons, les grands rochers volcaniques détachés de leur base, gisant çà et là sur une terre jaune et nue, ressemblaient aux ruines éparses d'une forteresse démantelée, et les plantes sans feuilles qui sortaient de leurs fissures, avaient l'aspect de polypiers hors de l'eau, étendant dans l'air leurs bras pétrifiés.

En voyant cette grande jeune fille, qui marchait d'un pied

léger, drapée dans son long vêtement blanc, on eût dit une de ces mystérieuses apparitions à qui les traditions populaires font habiter les vieux manoirs et les villes que le temps a détruites. Nous cotoyâmes le flanc de la montagne par un sentier tout bordé de petites labiées odorantes, pour nous rendre à la demeure de ma jolie conductrice. C'était une maisonnette située au pied d'un coteau stérile ; elle était dominée par un terrain en talus, sur lequel croissaient quelques plants sarmenteux, dont les élégants festons formaient une corniche de feuilles vertes en serpentant le long du toit.

Ce pauvre réduit, dont le faîte ne s'élevait qu'à quelques pieds de terre, était fermé par une porte disjointe, à travers les ais de laquelle on apercevait de la lumière. Je regardai avant d'entrer : la première pièce qui servait de salle à manger avait pour tout ameublement deux bancs de bois et une table longue et étroite, autour de laquelle étaient assis plusieurs hommes et plusieurs femmes. La table, sans nappe ni assiettes, offrait les restes d'un repas d'anachorète : des écorces d'orange, des épluchures de patates et dans le fond d'un plat de terre une bouillie jaunâtre composée probablement avec la farine de maïs ou du lupin. Un flacon d'un de ces vins délicieux que l'île produit en abondance circulait escorté d'un verre unique qui servait aux libations de cette nombreuse famille. Tous ces gens-là parlaient d'un ton animé ; les hommes me parurent sous l'impression d'une préoccupation fâcheuse ; leurs paroles étaient brèves, presque accentuées par la violence ; mais il me fut impossible d'en suivre le sens. Ces grands coquins, noirs plutôt que bruns, avaient les traits cachés par une barbe inculte et hérissée ; on ne voyait briller que leurs yeux ardents sous leurs sourcils épais dont l'arc régulier disparaissait sous les bords déchiquetés d'un chapeau de palmier.

Lorsque j'entrai, ils ne répondirent pas à mon salut et restèrent immobiles, sans même jeter les yeux sur moi. Après quelques instants, ils se levèrent simultanément ; ils décrochèrent leurs grandes couvertures blanches pendues aux murs de la chambre, se drapèrent majestueusement dans ce manteau primitif et sortirent à pas lents sans tourner la tête de mon côté, sans m'adresser un mot, sans proférer une parole.

Je demandai où allaient ces nobles seigneurs ; on me répondit qu'ils allaient se coucher. La chose me parut peu naturelle, pourtant je leur souhaitai du fond de l'âme un profond sommeil. J'avoue que j'aurais été médiocrement charmé qu'ils fussent allés faire la veillée un peu plus loin, dans le sentier désert par lequel je devais passer pour retourner à la ville.

Je restai seul avec sept femmes, qui toutes, ma conductrice exceptée, étaient vieilles ou laides. C'était une réunion de figures noires et ridées, à faire reculer le diable. Dès que ces dames se virent délivrées de leurs maris, elles se rapprochèrent les unes des autres et se mirent à caqueter comme des borgnesses en me regardant; elles firent mille questions à la jeune fille. Ma vanité fut singulièrement flattée en apprenant, d'après certaines expressions qui revenaient souvent dans leurs discours, qu'elles la complimentaient sur sa conquête.

Lorsque leur curiosité fut satisfaite, elles s'adressèrent à moi et me firent le plus pompeux éloge de ma jeune compagne. Elles ne se bornèrent pas à me faire remarquer ses beaux yeux et ses longs cheveux, sa taille souple et ses dents nacrées; elles voulurent surtout me faire apprécier le bonheur que j'avais eu d'être remarqué par une aussi belle personne. C'était en vain, me disaient-elles, qu'un Anglais, au risque de se rompre le cou, venait, à son intention, caracoler tous les jours, depuis deux mois, dans ces âpres sentiers; il n'avait pas encore obtenu un regard !... Un jeune Français, conducteur des travaux qu'on exécute à Laguna, l'attendait vainement tous les matins pour lui offrir des fleurs et lui adresser quelque tendre compliment, elle était, jusqu'à ce jour, demeurée insensible à ces témoignages de galanterie. Enfin, ajoutaient-elles, l'évêque de Laguna lui-même ne serait pas mieux accueilli, s'il n'avait tout d'abord le talent de plaire et plus tard le bonheur de se faire aimer.

Pendant qu'on m'adressait ces beaux discours, j'examinais attentivement cette belle fille. Elle était debout devant moi, les bras croisés sur sa poitrine, semblable à une noble statue grecque, chastement drapée dans une étoffe moelleuse tombant en plis onduleux. Elle me parut en ce moment parfaitement belle; le repos qu'elle avait pris depuis notre arrivée avait fait disparaître l'animation exagérée de son teint, son visage ne conservait qu'une rougeur légère, qui se fondait insensiblement dans la blancheur mate de sa peau. Elle s'assit à mes côtés, et bientôt, au milieu de la conversation générale, commença entre nous un *à parte* fort intéressant. Par malheur, il nous aurait fallu un dictionnaire pour expliquer les jolies choses que nous nous disions mutuellement; les compliments que je lui adressais dans mon mauvais espagnol la faisaient rire, et elle y répondait avec une volubilité qui ne me permettait pas toujours de la comprendre. Elle m'apprit qu'elle se nommait Ignacia, et que toutes ces femmes, affreusement laides, qui faisaient la veillée avec nous étaient ses sœurs ou ses cousines : la chose me parut singulière; je ne pouvais concevoir que cette belle fleur fût sortie de la même tige que les horribles chardons qui l'entouraient. Le babil et les grâces coquettes de la belle Ignacia me captivaient assez pour me faire oublier qu'il était tard déjà et que je devais retourner à la ville par un chemin désert; je posai mon chapeau et me décidai bravement à passer la soirée en cette bizarre compagnie.

La belle Ignacia s'aperçut bientôt que le caquetage de ses compagnes me semblait fort ennuyeux. Elle se leva et m'emmena en souriant dans la pièce qui faisait suite à la petite salle où nous étions. C'était une chambre fort dégarnie de meubles et éclairée par un lumignon qui brûlait pieusement devant une image de la madone, collée contre le mur, laquelle me rappela les affreuses gravures enluminées dont les paysans provençaux tapissent leurs maisons. Deux lits, cachés sous des rideaux de couleur sombre, étaient placés dans les angles, en face de l'unique fenêtre, fermée par un léger treillage de cannes. La lumière vacillante de la petite lampe projetait des ombres mobiles sur les lambris, et j'entendais, au dessus de la toiture, un frôlement semblable au vol pesant de quelque oiseau nocturne. L'aspect de cette chambre était triste, presque lugubre, et je me rappelai involontairement les quatre grands coquins qui s'étaient en allés sans me saluer. Comme il n'y avait aucune espèce de siége, je dus renoncer à m'asseoir; et, m'accoudant à la fenêtre, je tâchai de renouer la conversation.

Les plantes grimpantes, qui descendaient du toit, avaient introduit leurs rameaux flexibles dans les mailles du treillage; rivé par leurs brindilles, il était devenu immobile et ne laissait passer que quelques rayons incertains de l'astre suspendu dans l'espace.

Ces douces clartés tombaient sur le beau visage d'Ignacia, et lui donnaient la blancheur du marbre. Elle ressemblait vraiment à une magnifique statue; et, dans mon enthousiasme, je tâchai de lui faire comprendre qu'elle me semblait aussi belle que les divinités adorées jadis par les payens. Mais une brusque interruption me coupa la parole, et je m'arrêtai court, en entendant une voix cassée crier du fond de la chambre :

— Mes enfants, mes beaux enfants, n'oubliez pas ceux qui souffrent! Por Dios, senor, un quartillo!

— Qu'est-ce que cela? m'écriai-je tout surpris.

— Ne faites pas attention, c'est ma grand'mère qui s'éveille, me répondit Ignacia, en me montrant quelque chose qui s'agitait dans un des deux lits de l'appartement. Je m'approchai, et j'aperçus, blottie sous les couvertures, une vieille femme passée à l'état de momie. C'était un corps noir et desséché, contourné sur lui-même comme un chien endormi; à mon approche, cette masse osseuse se souleva et se montra; des cheveux rares et blancs tombaient en désordre sur son front, et couvraient à moitié sa figure. Il était d'ailleurs impossible de reconnaître des traits humains sous cette peau ridée. C'était, dans toute sa laideur, la double décrépitude de l'âge et de la misère : une victime du temps et de la souffrance.

— Donnez-moi quelque chose, senor, me dit la vieille ; je suis bien malheureuse, car on me laisse manquer de tout ici.

— Comment! on vous laisse manquer de tout, reprit aigrement la jeune fille ; ce sont vos fils qui vous nourrissent peut-être? Dites plutôt que sans nous vous seriez morte de faim.

— Donnez-moi quelque chose, senor ; je suis bien malheureuse, répéta la vieille, sans tenir compte des paroles de sa petite-fille.

Je tirai quelque argent de ma bourse, la vieille le saisit avidement de sa main desséchée, et se blottit immédiatement dans son lit, comme un animal qui rentre précipitamment dans son repaire.

Cet incident changea toutes mes impressions ; l'image de la vieille grand'mère effaça subitement la grâcieuse figure de sa petite-fille ; involontairement, je me transportai à vingt, trente, quarante ans au-delà du jour où nous étions, et je me dis que, sans doute, tant de grâce, de fraîcheur, était destinée à souffrir et s'éteindre sur cet ignoble grabat! C'étaient là de tristes dispositions pour reprendre une conversation amoureuse. Aussi, après avoir mis quelque argent dans les mains de la jeune fille, laquelle n'eut garde de le refuser, je me hâtai de regagner Santa-Cruz.

Les îles Canaries furent connues des anciens, comme nous l'avons déjà dit ; ce fut le roi Juba qui en fit la découverte. Lorsque ce prince descendit sur ce petit archipel, il le trouva inhabité ; quelques vestiges de monuments, quelques ruines éparses, annonçaient seulement que, dans les temps antérieurs, une race d'hommes y avait vécu. Il nomma ce groupe d'îles les îles Fortunées, et donna à chacune d'elles un nom dérivé de leur caractère physique, ou des circonstances qui avaient présidé à leur découverte. La Grande-Canarie s'appela Canaria, parce que la race canine, à défaut d'hommes, s'y était propagée outre mesure. Ces légitimes possesseurs de l'île, où ils régnaient par le droit de la force et de l'intelligence sur les autres habitants, étaient de grands animaux robustes, au poil fauve, aux jambes hautes, au corps élancé, au museau effilé, aux yeux ardents. Il fut très difficile de s'emparer de deux d'entre eux, qu'on emmena à Rome, comme ces esclaves que les généraux de la république conduisaient dans la capitale du monde, pour témoigner de leurs conquêtes lointaines. Les navigateurs modernes ne retrouvèrent ces îles, dont les savants du moyen-âge contestaient l'existence, qu'en 1334 ; ce fut un navire français chassé par la tempête qui, en échouant sur ces bords, en fit la découverte. Les aventuriers qui le montaient étant parvenus à regargner l'Europe, les signalèrent les premiers d'une manière précise.

Mais ces îles, qui étaient désertes lorsque le roi Juba les aborda, se trouvèrent habitées à l'arrivée des navigateurs modernes. Il fut impossible de déterminer à quelle époque s'était accomplie l'émigration qui avait donné naissance à cette population, et de la rattacher à aucune des races alors connues. Les anciens anthropologistes ne se basaient que sur les caractères physiques, toujours fort incertains, pour rapprocher les uns des autres les différents groupes humains qui couvrent ce vaste univers, et cette manière de procéder leur faisait commettre de nombreuses erreurs. Mais la science moderne, plus perspicace, en recueillant divers mots de la langue des indigènes des Canaries restés en usage dans ces îles, a démontré qu'ils appartenaient à la langue berbère, et il est hors de doute aujourd'hui que les Guanches tiraient leur origine des races qui peuplent l'Atlas septentrional.

Les anciens Canariens avaient d'ailleurs avec les Kabyles, ces hardis montagnards de l'Algérie, certains traits de ressemblance morale; ce caractère en vaut bien un autre, pour corroborer l'opinion qui leur assigne une origine commune. Les Guanches, comme les Kabyles de nos jours, étaient un peuple aux mœurs douces, livrés à des travaux agricoles, élevant de nombreux troupeaux, mais intrépides et dominés par un généreux esprit d'indépendance.

Ils résistèrent énergiquement aux Espagnols, qui voulurent les soumettre, et ils succombèrent dans leur lutte inégale contre des Européens aguerris. Ils furent, en réalité, les héros de cette lutte. Aujourd'hui, il ne reste de cette nation, que le fer espagnol a détruite, que quelques momies enveloppées dans des peaux de chèvre, et pieusement cachées dans des grottes inaccessibles. Si quelques individus échappèren à ce meurtre d'un peuple entier, ils se sont fondus dans la population espagnole, et il serait inutile de rechercher les modifications que l'intervention de cette race a pu faire subir aux traits distinctifs de la race conquérante. J'ai vu, à Orotava, des familles qui se vantaient de compter des Guanches parmi leurs aïeux. Leur assertion paraît vraie; mais rien ne les distinguait physiquement des autres Canariens. Ainsi, cette nation intelligente, brave et robuste, a dû subir le même sort que la population chétive et inoffensive de l'île de Cuba : l'une et l'autre sont mortes étouffées sous l'étreinte des barbares Espagnols.

L'Espagne n'a acquis des richesses que par le meurtre et la destruction; les couleurs de son drapeau, comme des armes parlantes, disent l'histoire de ses conquêtes dans le Nouveau-Monde : on y voit un fleuve d'or coulant entre deux rivières de sang! La

7850

France sera-t-elle, elle aussi, réduite à la douloureuse extrémité de détruire les tribus énergiques qui repoussent sa domination? Le surcroît de sa population viendra-t-il remplacer une nation à qui nos lois et nos mœurs sont antipathiques? Cela est malheureusement probable! S'il est vrai que tous les peuples doivent être soumis aux mêmes lois morales, à la même civilisation, il est sûr que certaines races humaines doivent disparaître de la terre. Plusieurs d'entre elles ont été créées avec des aptitudes compatibles seulement avec certaines phases sociales : un ordre nouveau doit amener leur anéantissement. Les espèces animales, créées pour un milieu spécial, ont disparu au fur et à mesure que les conditions atmosphériques de notre planète se sont modifiées. Les phases sociales par lesquelles passe l'humanité sont, pour l'homme, ce que les révolutions du globe ont été pour les animaux dont nous trouvons les restes dans nos terrains stratifiés; les populations barbares ou sauvages s'éteignent dans l'atmosphère sociale que crée la civilisation, de même que les anoploteriums et les ichtyosaurus de l'Ancien-Monde ont péri en changeant de milieu.

Comme toutes les nations qui sont mortes en défendant leur indépendance, les Guanches ont laissé dans les Canaries un grand souvenir, parmi le peuple surtout, qui, en tout pays, est instinctivement disposé à admirer toute résistance héroïque. Aussi, tient-on à grand honneur, à Ténériffe, de compter des Guanches dans son arbre généalogique; non pas qu'on se souvienne beaucoup dans l'île d'une ordonnance de je ne sais quel roi d'Espagne, qui accorda la noblesse héréditaire à tous les descendants des familles indigènes qui s'étaient soumises à la domination castillane, mais parce que tout ce qui, dans ce pays, paraît gigantesque ou surnaturel leur est attribué.

Pendant notre course dans l'intérieur de l'île, M. de Lagrené s'arrêta un jour devant une grande coulée basaltique, droite devant nous comme un mur cyclopéen. La matière en fusion, en se refroidissant, a éprouvé un retrait qui a divisé la masse en fragments réguliers. Ces nombreuses coupures font ressembler ce rocher sombre et nu à une œuvre humaine, que des Titans seuls eussent pu accomplir. Perico, un de nos guides, grand garçon bien découplé, à la tournure d'hidalgo, remarquant l'attention avec laquelle M. de Lagrené examinait cette espèce de monument, s'approcha, et, sans attendre qu'on l'interrogeât, s'écria avec enthousiasme : « Senor, ceci est une chaussée construite par les Guanches! »

Puis, frappant sa poitrine, il ajouta, en reprenant son chemin : « Moi, je suis un descendant des Guanches! »

Si, par hasard, le soc d'une charrue soulève l'ossement colossal de quelque animal inconnu, serait-ce celui d'un lamantin ou d'un cachalot, les paysans canariens supposent aussitôt que c'est celui d'un des anciens habitants de ce pays. Ce qui est plus remarquable encore, c'est que plusieurs chants populaires sont destinés à célébrer leur valeur, de sorte qu'après trois cents ans, ils sont les héros d'une épopée qui n'aurait dû raconter que leurs défaites! Peut-être, un jour, les pâtres français, qui mèneront leurs troupeaux dans les champs de la Kabylie, diront les vertus, l'intrépidité de la race que leurs pères auront détruite!

Au moment où je me disposais à quitter Ténériffe pour me rendre à bord de la *Sirène*, un de ces hasards, qui sont en quelque sorte providentiels, me fit rencontrer face à face un de mes compagnons d'étude, qui avait quitté la faculté en même temps que moi.

— Vous ici, mon cher P...! m'écriai-je.

— Je m'applaudis aujourd'hui d'y être, puisque je vous y rencontre, me répondit mon brave camarade en me tendant la main.

— Comment! vous vous plaignez d'habiter ce paradis, reprisje étonné.

— Paradis tant qu'il vous plaira, mais pour tout autre qu'un médecin! Figurez-vous, mon cher, qu'on me dit en Espagne : allez aux Canaries, à Santa-Cruz-de-Ténériffe, il n'y a qu'un médecin, vous y ferez certainement vos affaires.

— Le conseil était fort raisonnable, il me semble.

— Allons donc! raisonnable! un médecin, c'est trois fois plus qu'il n'en faut pour tout l'archipel. Avec une température moyenne de vingt degrés, un sol sec et bien aéré, des eaux potables, comment voulez-vous que deux médecins s'enrichissent ou puissent vivre seulement? Si du moins j'étais seul de ma profession, je pourrais encore, bon an, mal an, en persuadant à quelques vieilles femmes qu'elles sont malades, me faire quelques milliers de francs; mais mon vieux collègue enterrera le pic, c'est sûr... Au fait, je ne sais trop pourquoi les gens de ce pays ont la sottise de mourir; c'est une habitude stupide de leur part, rien ne les y oblige!

La colère de mon ami me réjouit fort; mais, comme il y avait un côté sérieux dans ses plaintes, je continuai cette singulière conversation.

— Vous ne m'avouez pas tout, lui dis-je, vous avez bien par ci par là quelques petites fièvres endémiques, quelques maladies inflammatoires, et des fièvres éruptives...

— Si, par la volonté de Dieu, nous jouissions de tous ces maux, je serais loin de me plaindre, me répondit-il avec une affliction comique; mais nous n'avons aucune affection endémique, et l'égalité de la température rend les phlegmasies fort rares... Quant aux maladies de l'enfance, tournez-vous, et voyez ces bambins couchés sur le sable, le plus âgé n'a pas huit mois! A cet âge, et dans cette saison, en France ils se tordraient de coliques dans leurs langes, ou tout au moins ils tousseraient à s'étouffer... Je le dis avec douleur, il naît beaucoup d'enfants dans l'île... Eh bien! il n'en meurt pas deux sur vingt, de la naissance à la dentition... Aussi faisons-nous concurrence aux négriers de Cuba, où nous déversons chaque année une bonne partie de notre population... Histoire de philantropie; l'isleno offre au planteur un double avantage : il remplace les nègres et ne lui coûte rien.

— Mais, lui dis-je encore, comment se fait-il que les valétudinaires de tous les pays n'affluent pas ici?

— Parce qu'on ignore ce que je viens de vous dire. A votre retour en France, racontez les merveilles de notre climat à vos grands seigneurs... Dites-leur, surtout, qu'on ne meurt pas dans nos îles... Mais que si, par condescendance pour les usages européens, ils venaient à cesser de vivre, nous les embaumerions avec tant de soin, qu'eux-mêmes ne sauraient croire à leur mort,.. car nous avons retrouvé le secret des Guanches.

— Les Guanches avaient donc un secret?

— Un vrai secret; un procédé naturel, qui fait honte à la chimie. Je soupçonne quelque marmiton provençal, naufragé sur ces côtes, de l'avoir inventé. Lorsque les Guanches étaient bien sûrs qu'un de leurs chefs avait cessé de vivre, ils lui ouvraient le ventre; on le bourrait de *chenopodium ombrosoïdes* (c'est le thym de ce pays-ci), on l'embrochait ensuite, et on le retournait devant un brâsier ardent, jusqu'à ce qu'il fût complètement desséché; on le couvrait alors d'une peau de chèvre, c'était le manteau royal de ces souverains, et on le plaçait dans une grotte bien sèche. J'ai vu plus de quarante de ces potentats, rangés autour d'une salle souterraine; le président tenait en ses mains une espèce de sceptre...

L'heure du départ approchait : je pris congé du docteur P.... en lui demandant ses commissions pour les quatre parties du monde.

— Je vous demanderais des cigares de Manille, si la contrebande ne nous en fournissait en abondance; mais, grâce à cette concurrence stimulée par la douane, on a d'assez bon tabac dans les pays à monopole. Je n'ai donc qu'une prière à vous faire : si vous rencontrez le choléra dans l'Inde, les fièvres pernicieuses à Java, faites en sorte qu'il nous en arrive quelque peu, à moins que les Chinois n'aient quelque chose de mieux à nous offrir.

Mon ami m'embrassa, et j'entrai dans le canot de l'état-major, qui m'entraîna loin de ce pays où le climat est admirable la salubrité parfaite, le sol fécond et la misère excessive! Ceci paraît bien contradictoire, mais ce n'est que trop réel. Et la misère ne vient pas du surcroît de la population, mais de l'extrême paresse des individus, de leurs mœurs dissolues et des habitudes de sobriété excessive, qui leur fait préférer l'oisiveté sans confortable, l'oisiveté besogneuse, pleine de privation, à un travail honorablement rétribué. Mais malheureusement, les populations de l'Europe méridionale n'ont pas encore compris le temps présent; elles ne font pas encore partie de ces grands peuples qui ont mis le travail en honneur, et n'attendent que de leurs œuvres industrielles leur grandeur, leur gloire et leur prospérité.

III.

Départ de Santa-Cruz, en mer.

Le 1er janvier 1844, nous rentrâmes à bord de la Sirène pour reprendre la mer. En nous trouvant de nouveau réunis, nous n'eûmes qu'à nous féliciter mutuellement d'un commencement d'année, qui s'offrait sous les plus heureux auspices. La santé des membres de la légation était parfaite; nous venions d'accomplir un voyage dans l'intérieur de Ténériffe, quelques-uns d'entre nous avaient même gravi le Pic, sans qu'il en eût coûté, à qui que ce fût, la plus légère égratignure; nous avions, dans notre précédente traversée, franchi la fâcheuse épreuve du mal de mer, cette inexorable affection, qui échappe à l'analyse, que rien ne peut enrayer, et, nous nous sentions forts contre ses atteintes, si nous ne pouvions espérer d'échapper désormais complètement à son influence. C'étaient là autant de raisons qui nous donnaient la plus entière confiance dans l'avenir. A midi, on leva l'ancre, et nous reprîmes notre course vers Rio-Janeiro.

L'aspect de la pleine mer manque généralement de grandeur; cette vaste étendue muette et solitaire est l'image du néant; rien en elle ne distrait le regard et n'élève la pensée; l'œil qui se promène sur cet espace sans limite, se lasse de sa monotonie, et l'imagination ne trouve aucune inspiration dans cette contemplation inanimée. Mais, si l'on signale une voile à l'horizon, si on voit dans l'espace filer un brik léger, si quelque grand vaisseau pesamment chargé de toile vous apparaît tout à coup, le tableau s'anime, et ce petit incident donne immédiatement carrière à la pensée.

On s'intéresse malgré soi à ces inconnus qui sillonnent en même temps que vous ce champ immense, où nul ne laisse de trace; on interroge les formes du navire pour connaître son origine et deviner le but de son voyage. Un navire, cette imposante construction, constitue un être qui participe du caractère de ceux qui l'ont créé. Voyez un vaisseau hollandais, américain ou français, et, sans nul doute, vous reconnaîtrez immédiatement quels sont ses maîtres : sa physionomie est caractéristique. Le hollandais, solide et matériel, vous dira qu'il prise la sécurité plus que le temps ; l'américain, svelte et sérieux, que le temps est pour lui plus précieux que la sécurité ; et le français, presque toujours coquettement paré, que pour lui l'élégance est aussi appréciable que le confort et la rapidité.

Malheureusement on rencontre trop rarement, pendant les longues traversées, des bâtiments faisant la même route et le plus souvent ils passent à des distances les uns des autres où les meilleurs instruments ne sauraient les découvrir. Cependant tout n'est pas ennui dans cette isolement au milieu des mers ; les nuits tropicales par exemple ont un charme indéfinissable. On n'a plus devant les yeux une étendue fatigante et sans vie, qui vous lasse ; mille clartés éclatent sur vos têtes, et vous semblez voguer sur un océan de feu ! Chaque vague est un éclair qui jette une lueur fantastique ; le sillon du vaisseau laisse après lui une longue trace enflammée ; vous diriez un dragon gigantesque attaché à vos pas et vous poursuivant de ses puissantes circonvolutions.

La phosphorescence de la mer est un des plus beaux spectacles qu'on puisse admirer ; j'ai joui avec ravissement de toute sa magnificence. Accoudé sur le balcon de la galerie de la Sirène, je ne pouvais me lasser de contempler cette eau lumineuse, qui ressemblait à une lave, et dont les reflets éclairaient les flancs du vaisseau. Parfois, je voyais d'énormes boules embrasées rouler dans les ondes, d'autres fois, la forme immense de quelque grand poisson montrer au dessus de l'eau son dos couvert d'étoiles scintillantes comme celles du ciel. C'était alors que d'énormes méduses aux grands bras, poursuivant quelques mollusques qui passaient au dessous de nous, ou de grands cétacés en voyage, venant contempler ce grand corps intelligent qui flottait bravement au dessus de leur domaine.

La cause de la phosphorescence de la mer a longtemps occupé la sagacité des savants ; il est hors de doute à nos yeux qu'elle est uniquement causée par les mollusques nageant dans les eaux, et surtout par des mollusques microscopiques ; de sorte qu'il n'est pas une goutte d'eau dans ce vaste océan dont les flots entourent d'une double ceinture notre globe, qui ne renferme des milliers d'êtres animés et doués de propriétés phosphorescentes !

Chaque fois que je jetais un filet à l'eau je le retirais rempli de biphores, de bécoës et de méduses. Dans une seule goutte, je découvrais des myriades de petits êtres s'agitant vivement, et à chaque contraction de ces animalcules, l'émission de lumière était plus intense, de sorte qu'on peut croire que leur action musculaire développe certaines propriétés électriques, dont l'action est des plus visibles. D'ailleurs, les choses se passent ainsi pour ceux de plus grande taille. J'avais placé dans un grand vase en verre des biphores gigantesques, qui s'élevaient et descendaient dans l'eau qui les contenait, et tous leurs mouvements étaient signalés par un jet de feu, qui quadruplait l'intensité lumineuse du liquide.

Une des distractions les plus fréquentes que nous eûmes à bord pendant notre traversée de Ténériffe à Rio, fut la pêche au requin, dont plusieurs périrent sur le pont de la Sirène victimes de leur voracité. Lorsque la brise était faible, que l'on voyait quelques uns de ces énormes poissons suivre la frégate, on le signalait aux hommes de l'équipage qui leur jetaient un hameçon garni d'un morceau de lard et il était rare que quelqu'un de ces horribles animaux ne se fît prendre à cette appât grossier.

J'avais toujours considéré comme une invention populaire ce qu'on raconte de certains poissons qui servent de pilotes au requin; mais aujourd'hui j'admets ce fait comme une vérité. Je n'ai jamais vu ce vorace animal à la suite du vaisseau, sans qu'il fût accompagné du *gasterorterus conductor*, poisson aux formes élégantes, qui semblait vivre avec lui, qui est un objet d'effroi pour tous les habitants de la mer, dans la plus parfaite intimité. Cette association est fort étonnante entre deux animaux d'une intelligence tout à fait inférieure, dont l'un est animé d'un instinct féroce, d'une grande énergie et qui ne semble guère susceptible de sentir qu'un autre être puisse servir à autre chose qu'à satisfaire à son monstrueux appétit.

Une vingtaine de jours après notre départ de Ténériffe, nous eûmes une fête à bord! fête bruyante, agitée, dégoûtante, qui ne laisse après elle que le souvenir d'une espèce de bacchanale ennuyeuse et tout au moins de fort mauvais goût. Je veux parler du célèbre baptême de la ligne, qui est pour l'équipage un jour de licence sans exemple et sans limite. Le principal plaisir de cette fête consiste à s'inonder mutuellement des pieds à la tête, à se barbouiller la figure avec de la farine, du noir, du goudron ou la première chose qui tombe sous la main d'un malôtru.

Un espèce de matelot littérateur, grand drôle assez mal famé à bord, vêtu en prêtre, en sa qualité d'officiant dans le baptême, prononça un sermon qui était, dit-on, une amère critique de la conduite du commandant en second; mais, comme il fallait saisir les allusions dont ce discours était semé à travers un déluge de paroles ronflantes, de périodes éclatantes, d'adhésions bruyantes, j'avoue que je n'y compris rien. Après la prose vinrent des vers, et quels vers, bon Dieu! c'était, je crois, l'œuvre anonyme du premier chirurgien de bord, qui prouva en cette occasion contrairement à l'opinion mythologique, qu'Esculape n'est certainement pas fils d'Apollon.

La soirée termina agréablement cette journée, qui faillit être ennuyeuse; les matelots se mirent à exécuter des danses au son du bignou national, cornemuse bretonne, et les sons mélancoliques, quoiqu'un peu aigres de l'instrument, ne laissèrent pas que de nous impressionner d'une manière douce et triste. Ces pauvres gens étaient si heureux dans ce moment, qu'on s'associait instinctivement à leurs plaisirs; leur gaîté était si tranquille, si opposée à cette gaîté bruyante, triviale qu'avaient laissé éclater leurs chefs, que la comparaison n'était guère à l'avantage de ces derniers.

Nous fûmes pris de calme dans cette partie de l'Océan, nous passâmes plusieurs jours ne marchant que par intervalles lorsque nous étions assaillis par quelques grains passagers, pluie bienfaisante, qui tempérait la chaleur de l'atmosphère. Le soir venu, je reprenais mes méditations sur la galerie de la Sirène, les matelots profitant du calme, couchés au pied du grand mât, chantaient quelques vieux airs nationaux, et ces refrains bien aimés, qui troublaient seuls le silence de l'Océan, en arrivant au cœur, y parlaient éloquemment de la patrie.

IV.

Arrivée au Brésil. — Rio-Janeiro et ses alentours. — Les Théâtres.

Le 28 janvier, dous découvrons les rivages du Nouveau-Monde. Assis à l'avant du navire, je contemple cette terre mystérieuse et féconde, la terre des forêts vierges et des palmiers, dont les rêves de mon enfance ont entrevu les poétiques mirages. Par un jeu bizarre de la nature le sommet des montagnes, à gauche de la barre de Rio-Janeiro, affecte la forme d'un géant couché sur le dos; ce symbole n'est pas trompeur! Tout est prodigieux sur cette terre, où les arbres s'élèvent à cent pieds au dessus du sol, où les rivières ressemblent à des bras de mer, et dont les ports sont des baies immenses.

La *Sirène* jette l'ancre à cinq heures du soir. Le manque de vent l'a retenue longtemps à l'entrée du goulet. Ce n'est que lorsque la brise fraîchit qu'elle étend ses ailes, et que, laissant derrière elle la montagne du *Pao da Assugar*, les forts de Santa-Cruz et de Villegagnon, elle vient prendre place au milieu de la rade peuplée de navires de toutes les nations, sillonnée par les lourdes chaloupes des pêcheurs et par les sveltes pirogues des nègres.

La baie de Rio est une petite mer intérieure, qui baise timidement les pieds des jolies îles qu'elle renferme; la pureté et la transparence de ses eaux n'est égalée que par la limpidité de l'air qui l'environne. Chacun de nous admire le magnifique spectacle que nous présente cet immense port, le plus sûr qui soit au monde, avec sa forêt de mâts, avec sa double bordure de maisons blanches, et les vertes montagnes qui limitent l'espace. Le jour, qui, dans ces contrées tropicales, s'éteint tout à coup pour faire place à la nuit, nous laisse dans une obscurité profonde, qui nous dérobe tous ces objets : mais à l'instant l'enceinte circulaire s'éclaire de mille feux, et les fanaux des navires, les maisons de Rio et de Praya-Grande, improvisent à nos yeux une de ces illuminations féeriques que je ne croyais réalisables qu'à l'Opéra.

Malgré l'heure avancée, je monte dans le premier canot qui passe pour aller m'établir à terre, afin de commencer dès le lendemain à parcourir le beau pays où nous venons d'aborder. La soirée était trop avancée pour pouvoir l'utiliser autrement : je m'installe dans un établissement français, l'hôtel Pharoux, rendez-vous de tous les voyageurs européens, et je ne m'y occupe qu'à savourer le bonheur d'être à terre, en m'y procurant mille petites satisfactions incompatibles avec la vie de bord. De l'eau claire, de la glace, des fruits et un journal, un journal imprimé le matin même, suffisent pour me faire complètement oublier un mois de privations, d'ennuis et de mal de mer.

Le premier coup d'œil qu'un Européen, accoutumé à la monotonie de nos physionomies blanches, jette sur Rio, le surprend étrangement, et je suis sous l'impression d'un étonnement réel, en voyant cette immense population noire qui court et s'agite autour de moi, comparée à la faiblesse de la population blanche. Je m'arrête à chaque pas, tantôt devant les négresses marchandes de fruits, dont les costumes variés attirent mon attention ; tantôt devant ces bandes de nègres, qui courent portant un faix sur leur tête et psalmodiant un refrain monotone, tandis qu'un de leurs camarades agite dans ses mains une cresselle rauque et criarde, dont le bruit assourdissant sert d'accompagnement à leur chant plaintif. Les rues de Rio sont coupées à angle droit, comme celles de toutes les villes dont la fondation est récente, les maisons sont bâties à l'européenne, et rien n'a été prévu pour mettre les habitants à l'abri des chaleurs, qui sont parfois excessives.

Lo largo de Palacio, sur lequel s'étend, comme son nom l'indique, la demeure impériale, modeste château, qui n'a rien de carastéristique, est une fort belle place, vaste, mais un peu nue ; une fontaine, qui donne une eau abondante, coule dans la partie qui avoisine la mer. Il est à regretter que quelques allées d'arbres n'aient pas été plantées sur ses bords.

Les monuments publics, tels que le palais de la Chambre des

Députés, le Sénat et la Bourse, n'offrent rien qui soit digne d'attirer l'attention du voyageur; mais, s'il porte ses regards sur cette foule variée et bruyante, qui court la ville en tout sens, que d'objets piqueront sa curiosité! Ici, ce sont les négresses d'Angola, portant, à la manière orientale, une étoffe éclatante sur leurs épaules nues; là, des négresses bizarrement tatouées, dont les bras sont étrangement ornés de bracelets de cuivre; ailleurs, des mulâtresses aux yeux langoureux et ardents, présentant toutes les teintes sur leur visages expressifs, depuis le noir le plus intense jusqu'au blanc le plus mat; enfin des vêtements de toutes les nations et des dandys en gants jaunes! Car, dans ce pays, il y a grand nombre de gens qui ont l'étrange courage, par trente-six degrés de chaleur. d'emprisonner leurs corps dans nos habits de drap étriqués, d'étrangler leurs cous dans du satin noir, et de serrer leurs doigts dans la peau élastique du chevreau glacé. Rio a toute l'animation d'une ville commerçante dans un état complet de prospérité; elle a, de plus, un caractère d'originalité que lui donne la diversité de sa population. La prospérité de cette grande ville repose sur le travail et le luxe, ces deux conditions d'existence des sociétés modernes.

La rue *Do Ouvidor*, qui est la rue Vivienne de Rio, renferme des magasins d'une grande beauté; tout ce que la mode enfante à Paris de plus élégant, de plus délicat, s'y trouve avec profusion; les nouveautés les plus capricieuses viennent s'y offrir à la fantaisie des acheteurs. Un Français peut s'y croire chez lui, car on trouve dans cette rue des tailleurs français, des bottiers français, des libraires français, et, ce qui est plus français encore, des modistes parisiennes... Il peut d'ailleurs doublement prendre le change: d'abord en voyant la manière dont les marchands y traitent les acheteurs, ensuite en entendant ce langage poli, engageant, tout à fait spécial aux vendeurs de notre nation, et si propre à piper le chaland.

Après avoir jeté ce premier et rapide coup d'œil sur la ville, je vais rendre à un botaniste fort instruit, le docteur Ildefonso Gomez, une lettre de recommandation qui m'avait été remise à Paris, par un de mes meilleurs amis. L'habitation du docteur est à une petite distance de la ville, située dans une vallée étroite, bien ombragée, arrosée par un beau ruisseau d'eau limpide. Sa description peut donner une idée de ces charmantes habitations, qui sont si nombreuses aux environs de Rio. Un vaste portail, surmonté d'un immense réverbère, m'indique la maison du docteur; une longue avenue, bordée de palmiers, de goyaviers, de mimosa et d'une bordure de volkameria, conduit à la maison, qui est assise au pied d'une colline plantée de caféiers; à gauche sont les cases des nègres, abritées sous des arbres gigantesques, et à droite, dans le fond de la vallée, des champs de maïs et un jardin.

L'entrée de la demeure est précédée d'une grande terrasse couverte, qui sert de lieu d'étude et de cabinet de repos; plusieurs tablettes surchargées de livres de sciences, les plus récemment publiés en France, me confirment dans l'opinion qu'on m'avait donnée sur le savoir et le zèle scientifique de mon excellent confrère. Un salon très vaste, meublé d'un immense divan en jonc, de bons fauteuils, d'un beau piano et d'un élégant guéridon, ouvre ses larges portes sur la terrasse dont j'ai parlé. Une salle à manger suit le salon; spacieuse et bien aérée, elle est séparée des cuisines par un espace considérable; derrière ces différentes pièces, il en existe d'autres fermées aux regards des étrangers. Enfin, une petite chapelle coquette et grâcieuse, où un prêtre vient dire une messe tous les dimanches, complète l'énumération de tout ce qui se trouve dans ce palais.

Le docteur me fait le meilleur accueil. D'après son ordre, une jeune négresse apporte sur un platéau d'argent, large et massif, des verres de limonade, du vin d'orange et différentes liqueurs du pays; et, comme, sans le savoir, je suis arrivé à l'heure du dîner brésilien (deux heures de l'après-midi), on m'offre de m'asseoir à la table de la famille; j'accepte avec plaisir.

Dans toute autre circonstance, je me dispenserais d'associer le lecteur à mes sensations gastronomiques; mais, comme il faut saisir la couleur locale partout où on la rencontre, je crois n'avoir rien de mieux à faire que de raconter mon prémier repas dans cette ville tropicale. Le docteur, placé au haut de la table, me fait asseoir à sa droite. On sert d'abord un potage, dont l'odeur aromatique excite singulièrement mon palais; un énorme morceau de bœuf vient ensuite; il est accompagné de farine de manioc cuite dans du bouillon, et d'une sauce au piment pour en relever le goût. A ce premier service succèdent des œufs et un plat d'herbes cuites, si ardemment épicées que je crois avoir avalé par mégarde un charbon embrasé. Heureusement qu'une salade de concombres aux ognons, unie à une énorme volaille, vient tempérer l'ardeur de ces mets. Le pain ne paraît à table que pour mémoire; cependant j'ai l'indignité de préférer cet aliment, tout vulgaire qu'il est, à la fade bouillie du manioc. On boit de l'eau pure dans de grandes coupes évasées, et le vin de Madère et de Lisbonne dans des verres à pied, et non mêlé à l'eau. A la fin du repas, on sert des bananes, des mangues, des goyaves, des noix d'acajou et une adorable confiture de coco, qui me font oublier la chaleur par trop tropicale des condiments brésiliens.

Sur la foi de ceux qui avaient savouré les fruits du Nouveau-Monde dans le pays même, je croyais qu'ils égalaient en bonté nos doux fruits d'Europe; mais je revins bientôt de mon erreur.

La cause de leur infériorité s'explique sans peine. L'homme n'a pu conquérir les biens qu'il possède que par le travail, et un travail suffisant n'a point encore pu transformer les fruits de l'Amérique sauvage en fruits qui puissent rappeler la saveur de la pêche parfumée, de la poire fondante, des raisins du vieux monde civilisé, rompu à la peine et au travail. Dieu ne donne à sa créature intelligente que les éléments de toute chose. Le fruit acerbe qui croît sur la lisière des bois, peut devenir fondant et sucré; mais il faut pour cela que la sueur de l'homme l'arrose; il faut qu'il développe sa chair par le labeur intelligent de la culture, qu'il adoucisse ses sucs, qu'il enlève les épines sauvages qui garnissent sa tige, qu'il multiplie et qu'il étale sa feuille.

A peine sortis de table, le docteur me propose de gravir le sommet du *Corcovado*, dont nous apercevons la cîme au dessus de nos têtes. On m'amène un cheval, et quelques minutes après, nous voilà chevauchant sur le sentier qui conduit à cette montagne célèbre. Je n'essaierai pas de peindre mon admiration. Le chemin qui côtoie le flanc de la montagne représente à mes yeux une immense serre, où sont amoncelés les arbres les plus magnifiques. Moi qui n'avais vu les enfants du sol américain qu'emprisonnés sous les cages de verre de nos jardins botaniques, étendant à regret leurs rameaux rabougris au milieu du climat artificiel que nous leur accordons, j'étais dans le ravissement en voyant les élans vigoureux de cette puissante végétation. Je me sens heureux et bien portant dans l'air tiède et embaumé de mille parfums qu'on respire en ce lieu, et dans lequel se jouent des papillons grands comme des oiseaux et des oiseaux brillants comme des papillons. Les premiers colibris que je vois butiner sur le dôme fleuri de la forêt me font jeter des cris de joie. Je poursuis un coléoptère; je m'élance vers une plante en fleur; je saisis un de ces grands morphos aux ailes azurées, dont le vol hardi semblait être un obstacle invincible à sa possession, et je fais toutes ces choses avec la vivacité et l'agilité de la jeunesse.

Le docteur cherche à modérer mes transports, mais j'ai trop vécu pour ne pas savoir que ces heures de ravissement sont rares dans la vie; aussi je me livre à l'entraînement qui me saisit, et, loin de le refréner, je m'y abandonne avec bonheur. C'est en s'identifiant avec les grands spectacles de la nature qu'on rend de la jeunesse à l'âme et de la vigueur au corps. Je suis vieux déjà, et pourtant, en présence de cette nature formidable, je sens des élans invincibles, un attrait indicible, qui m'entraînent vers l'inconnu et qui me font sainement apprécier l'importance du grand voyage que nous accomplissons en ce moment.

Le chemin de la montagne est presque constamment bordé par le grand aqueduc qui conduit à la ville les eaux qui l'abreuvent. Cet aqueduc est un ouvrage immense, dont les habitants de Rio sont fiers à bon droit. Cette construction est bâtie en pierres granitiques; elle a plus d'une lieue d'étendue, sa largeur est d'environ un mètre, et son élévation au dessus du sol ne dépasse jamais deux mètres, excepté aux portes de Rio, où elle est supportée par des arches élancées, qui en ont plus de vingt. Sur son trajet, on a ménagé, par intervalles, d'étroites ouvertures, pour permettre aux *fazendeiros* du voisinage d'y puiser l'eau nécessaire à leurs besoins, et aux voyageurs de s'y désaltérer. Nous rencontrons de jeunes négresses qui remplissent leurs gargoulettes en argile rouge, à l'aide d'un fragment de callebasse ou de coco, et qui nous offrent avec empressement l'eau contenue dans le vase qu'elles portent grâcieusement sur leur tête. Après trois heures de marche, nous atteignons le sommet de la montagne. Le point culminant est divisé en deux mamelons de forme inégale, d'où lui vient certainement son nom de Corcovado (bossu). Ces mamelons sont aujourd'hui séparés par un intervalle qu'on ne saurait franchir sans danger, et que l'empereur don Pédro Ier avait réunis par un pont qui n'existe plus. On est étonné de trouver des vestiges de construction et des barreaux de fer scellés dans le roc, sur le point le plus élevé de la montagne; ce sont les ruines d'un ancien pavillon, d'une espèce de tente permanente, que l'ancien empereur y avait fait établir.

On raconte que, lorsque certaines passions agitaient son âme un peu sauvage, telles qu'un amour contrarié, la jalousie ou la haine qui en résultent, la colère qui l'agitait en présence d'une opposition qui devenait de jour en jour plus exigeante, il aimait à se réfugier sur ce roc isolé, et là, en contemplation devant un des plus beaux points de vue de l'univers, il calmait l'agitation de son esprit en s'identifiant avec ce magnifique spectacle. Le sommet du Corcovado, qui est taillé à pic au dessus du sol, n'a pas moins de huit cents mètres de hauteur; mais le gouffre qui vous environne de tout côté est couvert par une végétation vigoureuse, qui vous en dérobe l'horreur. De ce point, la vue plonge dans un horizon sans bornes: c'est d'abord la ville de Rio qui déploie ses maisons blanches; ce sont ensuite les montagnes voisines étagées graduellement avec les vallées profondes, qu'elles renferment, puis le jardin botanique et les lacs intérieurs qui l'environnent, la baie, ses bâtiments pavoisés, ses îles nombreuses, enfin la pleine mer et son immensité... En quel autre lieu l'œil humain peut-il embrasser tant de merveilleuses grandeurs!

Lorsque nous descendons le Corcovado, la nuit nous environne; mais tout à coup nous voyons surgir, du milieu des herbes, des milliers de lucioles qui nous éclairent de leurs lueurs phosphorescentes. J'étais prévenu de ce phénomène; mais sa magnificence m'étonne. C'est avec toutes les peines du monde que M. Gomez parvient à m'empêcher de donner la chasse, le soir même, à ces insectes bizarres. Nous continuons notre route; mais, arrivés sur la partie du sentier qui domine la vallée de l'Arangera, les lucioles se multiplient à tel point qu'on croirait à l'existence, au dessous du lieu où nous sommes, d'une grande ville magnifiquement illuminée.

Nous descendons de cheval, au pied d'une charmante habitation appartenant à une vieille dame, que nous trouvons installée dans un grand fauteuil, et agitant convulsivement un éventail. A peine aperçut-elle M. Gomez, qu'elle s'écria :

— Vous arrivez à propos, docteur, on vient de m'amener Juana, ronde comme un coco ! Elle dit qu'elle va accoucher, cette pécore !... Où donc a-t-elle pu pêcher cet enfant ?... Que le diable confonde son père... A cet âge, un accouchement peut la tuer, n'est-ce pas docteur ? Si du moins elle allait me donner un mulâtre ! quoique plus méchants que ces canailles de nègres, ils sont plus intelligents, et, par le temps qui court, cela se vend mieux...

On nous conduisit, avec M. Gomez, auprès de la pauvre Juana, qui était à geindre et à pleurer, couchée sur une natte jetée à terre, et qui ne peut rien nous dire sur la couleur présumee de son enfant ; la pauvre petite n'en savait probablement rien elle-même ! Comme le travail était peu avancé, nous nous retirâmes, M. Gomez promettant de revenir ; mais ce ne fut pas sans avoir entendu tous les calculs de la vieille dame, depuis la supposition de la mort de l'enfant à sa naissance jusqu'à celle de la mère, et non sans avoir subi mille interrogations sur tout ce qu'il fallait faire pour assurer une heureuse délivrance, bien que déjà elle eût allumé des cierges devant la *Virgo parturiens !*

C'était le premier exemple qui tombait sous notre observation de la tendre sollicitude des maîtres pour leurs esclaves. Nous nous croyons consciencieusement obligés à le citer, pour créer des partisans en faveur des opinions anti-abolitionistes.

Ici le bon docteur, qui non loin de là doit visiter un malade, me quitte et me confie aux soins de son nègre Gil-Blas, qui, chargé du fruit de mes conquêtes, me devance à travers les chemins étroits et raboteux qu'il me fait parcourir pour gagner plus promptement Rio.

La perle, la merveille artistique dont tous les Brésiliens vous parleront avec admiration, c'est le théâtre de San-Pedro d'Alcantara, où joue toute l'année une troupe italienne. L'empereur don Pedro Ier, grand amateur de musique, compositeur lui-même, comme Frédéric de Prusse était exécutant, avait daigné s'occuper de la construction de cette salle, de la composition de l'orchestre et de la troupe qui devaient charmer ses augustes oreilles. Pendant tout son règne, on put croire, à deux mille lieues de l'Europe, que le théâtre Italien de Rio pouvait rivaliser avec ceux de Paris, de Milan et de Naples. Mais, hélas! aujourd'hui, il ne reste de ce temps de splendeurs qu'une salle fort belle, il est vrai, mais où joue une troupe médiocre, où s'évertue un orchestre insuffisant. Nous avons assisté à une représentation de la *Norma*. La prima dona, jeune fille encore belle, qui étalait avec complaisance la preuve évidente de la faute reprochée à la grande prêtresse, nous a seule paru digne d'éloges. La salle, mal éclairée, renfermait une population nombreuse. Les jumelles et les binocles jouaient ici comme à Paris; l'éventail, passionnément agité, remplaçait l'écran dissimulateur, au dessus duquel se dirigeait également l'œillade provocatrice; et, si ce n'eût été la négresse assise au fond de chaque loge, et çà et là quelques autres figures hétérogènes, on eût pu se croire en France, dans un théâtre de province. Les loges sont très spacieuses; elles sont disposées de manière à donner à la salle la forme d'un ovale tronqué à l'extrémité par la scène, qui est en face d'une loge splendidement décorée, réservée à l'empereur.

Outre le théâtre Italien, Rio possède également un théâtre Français, où l'on joue le vaudeville et le drame. Les acteurs que nous y entendîmes étaient détestables; mais les actrices étaient jolies, ce qui suffisait pour assurer le succès de toutes les pièces qu'on y représentait. Il est vrai que la plupart des spectateurs étaient des hommes qui applaudissaient par galanterie.

V.

Présentation de la Légation à l'Empereur. — Excursion à la Tijouque.

Lorsqu'on a vu Rio, qu'on a visité les divers établissements de cette grande ville, qu'on a gravi les montagnes qui l'entourent, qu'on a sillonné en tous sens sa baie grâcieuse, et qu'on a parcouru les îles qui la peuplent, on se demande, enfin, qui donc gouverne ici? Ce ne sont pas les quelques hommes frêles assis sous les arches du palais impérial, et vêtus en soldats, qui peuvent donner une idée de la force sur laquelle repose le pouvoir. Ce ne sont pas non plus les rares prêtres qui parcourent les rues, qui peuvent vous faire croire que tout gravite autour d'une puissance morale, à l'influence de laquelle chacun aime à obéir. Il faut donc chercher le pouvoir dans ceux qui le représentent dans son élément le plus élevé; car on s'aperçoit bientôt que, dans ce pays à part, où un petit nombre d'hommes est intéressé à la soumission d'une masse compacte, les agents secondaires s'effacent, et chacun pour soi, chacun chez soi commande et agit dans l'intérêt de sa conservation et de la stabilité, avec les moyens ou sans les moyens que la loi met à sa disposition. J'en étais là de mes réflexions lorsque nous fûmes présentés à l'empereur. La présentation eut lieu à *San-Cristovao*, maison de plaisance située à une petite distance de la capitale, dans un lieu bien aéré et d'une salubrité parfaite. L'empereur, qui n'a pas vingt ans, a une figure expressive et bienveillante; ses yeux voilés par de grands cils donnent à sa physionomie une expression de douceur charmante. Peut-être aimerait-on à trouver dans le chef de ce vaste empire, mal aggloméré encore, plus de hardiesse dans le maintien, plus de force d'organisation; mais la nature intellectuelle et méditative du prince devait avoir peu de propension pour les exercices violents qui nécessitent un grand déploiement de force physique. Et ce manque apparent d'énergie ne tient donc qu'à un défaut d'habitude de certains exercices corporels. L'accueil que nous fit l'empereur fut grâcieux et simple. Nous fûmes également présentés à l'impératrice et à la princesse Januaria, qui parlent français avec une facilité et une grâce parfaites. Lorsque nous fûmes admis, madame de L.... était depuis plus d'une heure en audience particulière avec Sa Majesté, qui la retint longtemps encore après que nous nous fûmes retirés.

Le palais de San-Cristovao n'a rien de la grandeur et de la magnificence de Saint-Cloud, de Neuilly, d'aucune des demeures royales de France; mais tout y est convenable et de bon goût. L'empereur, qui aime passionnément la littérature française, a réuni beaucoup de livres de notre langue, et nous avons vu, dans un des appartements du palais, un très grand nombre de livres de nos plus célèbres écrivains, rangés les uns à côté des autres, sur les consoles et les guéridons, comme pour témoigner de l'usage habituel qu'on en fait. Il était difficile de se trouver dans la demeure impériale, sans songer à la jeune princesse qui en était l'ornement et la vie. Les souvenirs qu'elle a laissés après elle, l'intérêt que son nom éveille à Rio, ne sont égalés que par les sentiments d'affection qu'elle a su inspirer à sa nouvelle famille. Nous partons de San-Cristovao au déclin du jour, nous rencontrons de nombreuses voitures qui parcourent le même chemin que nous. On s'agite aux environs du palais!... Comment en serait-il autrement? le ministère se retire et il faut en reconstituer un autre!... Pour nous, que ce fait n'intéresse guère, nous nous éloignons du château en songeant à ce jeune prince, calme et grave, sur qui reposent les destinées d'un immense empire, et qui voit se grouper autour de lui, comme une garantie des succès qui lui sont promis, tout ce qui, dans cet empire, porte un cœur et une intelligence élevés.

Les vrais Brésiliens d'origine portugaise sont, comme tous les hommes de race ibérique, nonchalants dans leur vie habituelle, toujours vains et orgueilleux, quelquefois exaltés et vindicatifs, surtout lorsqu'une passion, telle que l'ambition, la haine ou l'amour, les agite. Ils se fréquentent peu entre eux; la plupart vivent fort retirés dans leurs demeures, sanctuaires où nul ne pénètre impunément, car le seuil est toujours hermétiquement fermé, et le despotisme du maître redouble de précautions, lorsqu'il dérobe aux regards quelque jeune captive, sa femme légitime ou son esclave. Leur piété, qui était jadis profonde et ignorante, s'en tient aujourd'hui aux pratiques extérieures du culte. Le clergé a perdu presque complètement son influence, dans un pays où il s'est laissé dominer par les passions sensuelles, et où il n'existe plus de hiérarchie disciplinaire pour le faire rentrer dans le devoir. Toutefois, un changement radical tend à s'opérer dans les mœurs des habitants de Rio, et chaque jour elles prennent un caractère de plus en plus français. Cette transformation s'explique facilement : le plus grand nombre des jeunes Brésiliens est élevé en France; les hommes dont l'action sur la société est la plus puissante, tels que les médecins, les avocats et les journalistes, sont Français, et en recevant des marchands de notre nation, la plus grande partie des objets nécessaires à leurs besoins tels que les modes, les meubles, les vins, les draps, ils s'identifient de plus en plus avec nos usages. Ajoutons encore que la civilisation française ne pénètre pas seulement par ces moyens, mais que, grâce à des femmes qui ont quitté Paris pour venir faire briller au Brésil la dernière lueur de leur beauté, plusieurs grands hommes des deux chambres ont acquis une tournure et des manières qu'ils n'eussent jamais possédées sans leurs leçons.

Il existe même, aux environs de Rio, certains établissements, certains lieux de réunion, qui témoignent de l'adoption des coutumes françaises.

Un dimanche, je descendais du Corcovado, avec M. Fernand de Lahonte; nous étions harrassés de fatigue, et très-disposés à réparer nos forces par un repas quelconque. On nous indiqua une venta, située à quelques pas du chemin que nous suivions, nous nous y rendîmes en grimpant un petit côteau couvert d'arbres en fleurs. Nous n'étions plus qu'à quelques pas de l'habitation, lorsque des éclats de rire et des chants les plus français du monde, nous apprirent que nous allions nous trouver avec des compatriotes, presque avec des amis.

Sous des tonnelles, qui ombrageaient des tables nombreuses, étaient effectivement réunis une quarantaine de jeunes ouvriers, lesquels chantaient et buvaient gaîment au souvenir de la patrie ! Là, tout était français, le vin, les convives et la maîtresse de la guinguette, madame Breissan, femme accorte et gaie, qui avait une réponse prête à toutes les interpellations, et qui paraissait fort aimée de sa clientelle. Nous nous mêlâmes avec plaisir à cette joyeuse foule, et nous partageâmes avec ces braves gens un repas où ne manquaient ni les épices ni le vin. La plupart de ces jeunes ouvriers se louaient de leur position et ne regrettaient nullement d'avoir pris le parti de s'expatrier momentanément pour aller chercher fortune; mais leur conversation n'avait pour objet que la France : on eût dit qu'ils ne vivaient que par le souvenir. Ah! si la France avait le climat de Rio! la baie de Rio! les fers et les houilles de l'Angleterre! s'écriait-on de tous côtés. Pas un mot n'était prononcé, qu'il ne s'y mêlât une aspiration vers la patrie ou un vœu pour elle!

A peine fûmes-nous assis à la table commune qu'on nous interpella avec vivacité pour nous demander des nouvelles récentes, et chaque question témoignait de l'amour le plus vif et le plus vrai.

Je demandai à madame Breissan si les ouvriers des autres nations ne fréquentaient pas aussi son établissement.

— Il en vient quelques-uns parfois, me répondit-elle, et les choses vont pour le mieux, tant qu'on ne parle que du prix du travail, de la qualité des marchandises et de la rareté des ouvriers; mais dès qu'il est question de la France et de ses batailles, les têtes s'échauffent, on se querelle, on se bat, c'est à ne plus s'entendre. L'autre jour, ils ont éreinté deux Anglais, qui avaient par mégarde prononcé le nom de Waterloo! J'aime mieux qu'ils ne soient qu'entre eux, du moins alors, s'ils se chamaillent, c'est sans se maltraiter.

Ces paroles de madame Breissan peignent d'un trait le caractère de nos ouvriers à l'étranger; leur affection patriotique est exclusive à l'excès, et même un peu sauvage; car ces âmes naïves ne peuvent admettre qu'on ne reconnaisse pas notre supériorité en toute chose, et, en cas de discussion, ils ne trouvent d'autres arguments que l'emploi de la force musculaire dont Dieu les a doués. Nous passâmes une partie de la soirée à causer avec nos braves compatriotes, et nous les quittâmes, enchantés de leur verve, de leur franchise et leur joyeuse humeur.

Le lendemain de cette soirée, on vint m'éveiller à cinq heures du matin pour aller visiter un site appelé la Tijouque, situé à une petite distance de la ville. La fraîcheur était charmante, le ciel d'une pureté admirable; je me décidai à accompagner les personnes de l'ambassade, qui, comptant peu sur moi, étaient déjà parties. Lorsque mes préparatifs furent faits, je montai un bon cheval et me mis joyeusement à galoper sur la route qui conduit au jardin botanique, chemin bordé de belles habitations, côtoyant la mer et les lacs intérieurs qui communiquent avec elle. Après une heure d'une course assez vive, j'atteignis nos compagnons dans un lieu très pittoresque, appelé la Gabia, au moment où ils se disposaient à traverser un lac d'eau saumâtre, appelé lac de Lagoa, communiquant avec la mer.

Nous étions nombreux : deux pirogues longues et étroites étaient les seules embarcations que possédât l'amiral de cette méditerranée; mais pour nous emmener tous, il s'avisa d'un stratagème qu'il m'eût été difficile d'inventer. Il plaça sur les deux pirogues deux planches fort larges, qu'il assujétit fortement, et nous fit prendre place sur cet établi, tandis que lui et son lieutenant, debout sur ce radeau vacillant, ramaient avec circonspection pour accomplir heureusement la traversée. Les bords du lac de Lagoa sont charmants ; de grands mélanostannés aux fleurs bleues baignent, en s'inclinant, leur tête dans l'eau, et des milliers d'huîtres blanches, attachées aux branches de cet arbuste, ressemblent à des pétales étiolés. Mais j'avoue qu'en cet instant, j'étais peu sensible aux beautés de la nature; à chaque mouvement que je faisais, mes compagnons de voyage, dans l'intérêt de la conservation commune, me recommandaient aigrement l'immobilité la plus complète, et je trouvai fort longues les deux heures que dura notre navigation.

En abordant, nous descendîmes sur une plantation de café, dont les nègres prenaient leur premier repas. C'étaient des hommes de trente à quarante ans, noirs comme du cuir verni, bien cambrés, bien musclés, et fort peu vêtus. Les uns allumaient du feu, d'autres, réunis en rond, mangeaient, en causant, des épis de maïs, un plus grand nombre poursuivait, sur les bords du lac, de petits crustacés et les faisaient cuire sur la braise ardente au fur et à mesure qu'ils les attrappaient. Le déjeûner de ces esclaves se composait exclusivement de farine de manioc ou d'épis de maïs, et les crustacés apportaient à ce maigre aliment un supplément fort nécessaire. Pendant que nous observions ce tableau animé, on nous amena des chevaux, et nous reprîmes notre course vers la Tijouque, où nous arrivâmes une heure après.

Au milieu de cette nature brésilienne, empreinte de magnificence et de grandeur, dans un pays où les ruisseaux sont, à leur source, des rivières tumultueuses, dont les montagnes, vêtues de fleurs, portent au dessus des nues leur tête hérissée de pics aigus, où la puissante végétation envahit les rochers eux-mêmes, on s'étonne de l'enthousiasme des touristes, à propos d'un site tel que la Tijouque. C'est tout simplement un cours d'eau d'une médiocre puissance, bondissant sur deux rochers de trente pieds d'élevation, superposés l'un à l'autre, et resserré entre deux montagnes tapissées de lianes inextricables et d'arbres touffus. Les voyageurs sérieux doivent compte de toutes leurs impressions à ceux qui, plus tard, doivent suivre leurs traces, afin de les prémunir contre les exagérations de certains enthousiastes possédés d'une monomanie admirative.

Nos guides se scandalisèrent quelque peu de notre désappointement en présence des beautés douteuses de la Tijouque. Pour nous offrir une compensation, ils voulurent nous conduire à Jacarè-Pagua, vallée qui renferme, nous dirent-ils, une résidence impériale. Hélas ! ce château de plaisance est tout simplement une espèce de fazenda dont l'habitation est entourée d'un vaste jardin où croissent quelques végétaux originaires de l'Inde. Des champs de canne, de maïs et de riz sont le principal ornement de cette vallée féconde, et c'est probablement à cause de la richesse de ses produits que les Brésiliens appellent cette exploitation une résidence impériale. Nous traversâmes Jacarè-Pagua sans mettre pied à terre. Harassés de fatigue, couverts de poussière, brûlés par le soleil, nous nous hâtâmes de gagner une habitation située au pied de Pedra-Gouilla, montagne que nous devions traverser pour nous rendre à Rio. L'aimable accueil que nous reçûmes d'une dame française, propriétaire de cette fazenda, nous permit d'oublier pendant quelques instants la fatigue de la journée.

Cette dame avait environ quarante ans ; elle était en plein été de Saint-Martin, et remarquablement belle ; elle avait des traits d'une perfection adorable, le front haut et lisse, les yeux grands et noirs, voilés de longs cils, la bouche petite et souriante. Son teint, d'une blancheur diaphane, était nuancé d'un rose tendre semblable aux pétales de la rose du Bengale.

Lorsque nous arrivâmes, la belle fazendera était à demi couchée sur un divan, dans un salon au rez-de-chaussée, où le jour arrivait à peine. Elle était vêtue d'un peignoir en mousseline bleue, ses bras et ses épaules étaient nus ; ses cheveux noirs tressés avec art s'arrondissaient en couronne au tour de sa tête. Une jeune fille pâle, maladive et contrefaite, était assise à ses pieds. Cette pauvre créature disgrâcieuse, souffrante, privée des attributs ordinaire de son âge, en face de cette belle personne toute rayonnante de force, brillante de fraîcheur et de grâce, parée de tous les charmes de la jeunesse, était une vivante preuve des injustice du sort. Devant ce contraste, les regards se détournaient de la caméristé contrefaite, pour chercher, caché derrière un rideau, quelque chérubin vermeil, car il fallait un page à cette belle reine.

Des négresses, mises avec quelque élégance, ce qui est rare dans les fazendas du Brésil, nous servirent des confitures et des fruits. Ces esclaves avaient au plus vingt ans ; elles étaient de race cafre ; leur corps svelte était à peine voilé par un jupon blanc attaché sur les hanches, et par une étoffe éclatante, négligemment jetée sur les épaules.

On racontait, à Rio, que notre belle compatriote était venue au Brésil, lorsque les liens qui l'unissaient à l'un des plus grands noms littéraires de notre époque, s'étaient rompus. Le fait est peu croyable. Les volumineuses indiscrétions du poète auraient certainement mis le public dans la confidence de cette tendre liaison, et je n'ai rien lu, dans les dix volumes des *Confessions*, qui m'ait paru faire allusion à la belle solitaire de Pedra-Gouilla.

Nous parcourûmes les possessions de notre hôtesse; c'est une grande caféière, qui occupe plus de cent esclaves. Du plus loin que les nègres apercevaient leur belle maîtresse, ils quittaient leurs travaux et accouraient avec empressement pour lui baiser les mains. C'était assez bizarre de voir ces hommes noirs, aux trois quarts nus, appliquer leur museau proéminent sur les mains blanches et soyeuses de notre compatriote. Les drôles paraissaient user avec quelque plaisir d'une faveur qu'on eût pu solliciter sans trop d'humilité. La dame, objet de ces hommages, les recevait avec la plus parfaite indifférence; on eût même dit parfois que cet acte de soumission respectueuse s'accomplissait à son insu, tant elle paraissait distraite.

Nous partîmes de ce charmant hermitage au déclin du jour. La brise du soir balançait les grandes feuilles des bananiers, comme d'immenses éventails, et sa fraîcheur bienfaisante nous faisait oublier l'âcre chaleur de la journée. Lorsque nous parvînmes sur le versant opposé du col de Pedra-Gouilla, les sentiers devinrent impraticables; nos chevaux s'abattirent à chaque pas, et plusieurs de nos compagnons furent victimes d'accidents d'une certaine gravité. Enfin, nous atteignîmes Rio, après une absence de dix-huit heures; nous avions passé plus de douze heures à cheval.

VI.

Excursion à la Serra dos Orgos.

Après quelques jours de repos, je regrettais l'inaction à laquelle j'étais condamné; je sentais le besoin de tenter quelque course lointaine, et ce fut avec un sentiment de joie bien profonde que j'appris que M. et madame de L... voulaient bien m'associer à un voyage qu'ils allaient entreprendre dans la Serra dos Orgos, sur les bords du Macacou, et à Novo-Friburgo. Nous nous embarquâmes le 6 février au matin, sur le bateau à vapeur qui fait le trajet de Rio à Piedade. Nous traversâmes cette baie incomparable de Rio, semée d'îles sans nombre. Nous saluâmes en passant *las ilhas de Ferro do Gobernador* et la charmante paqueta toute fleurie, qui semble coquettement sourire aux voyageurs pour les engager à s'arrêter sur ses bords, puis nous arrivâmes à Piedade. Ce point est une espèce d'entrepôt pour tous les objets dont les fazenderos ont besoin; c'est là aussi qu'ils envoient leurs produits, pour être transportés à Rio par le bateau à vapeur. Rien n'est bizarre comme les immenses magasins qu'on rencontre dans certaines parties du Brésil, et qui renferment tous les objets dont la consommation est possible dans ces parages. Je pénètre dans celui de Piedade, qui est une espèce de hangar immense, dans lequel je vois amoncelés, depuis le parquet jusqu'au faîte, des tissus de toutes les espèces, des vêtements confectionnés de toutes les dimensions, des souliers de toutes grandeurs, des cigares, des cigarettes, du tabac de toutes les qualités, du champagne, du vin de Bordeaux, des onguents, des ustensiles de ménage et d'agriculture, enfin des bougies, du suif, des nègres, des bœufs, des moutons pêle-mêle, et au plus juste prix. C'est à Piedade que nous trouvâmes les guides et les mulets que M. Marsh, propriétaire de la Serra que nous allions visiter, nous avait envoyés. Chacun de nous s'est muni d'une bride et d'une selle pour la monture qui lui est destinée; car ici on loue des chevaux, on en trouve même facilement en grand nombre, mais il n'en est pas ainsi des objets nécessaires à leur harnachement.

Nous nous mîmes en route, sous la conduite du feitor ou guide principal, grand mulâtre vigoureusement proportionné, qui a la tête entourée d'un mouchoir de coton rouge et bleu, et porte gravement un gigantesque éperon à son pied nu. A peine fûmes-nous à cheval qu'une pluie torrentielle, telle qu'il n'en tombe que sous les tropiques, éclate sur nous avec fureur. Nous n'en continuâmes pas moins notre chemin à travers les routes inondées et boueuses. Cette partie du pays est excessivement malsaine; ce n'est qu'un immense marais, presque continuellement couvert d'une petite quantité d'eau putride, qui renferme des plantes et des matières animales en décomposition. Les miasmes qui s'échappent de ces lieux d'infection engendrent, pendant la majeure partie de l'année, des fièvres pernicieuses, qui sévissent avec violence et déciment la rare population de ce pays pestilentiel.

Nous partîmes à cinq heures du soir de Piedade, et la nuit ne tarda pas à nous couvrir de son ombre. Mais les éclairs du ciel et les lucioles, éclairs vivants dont la lumière jaillit aussi par intervalles, suffisent pour nous faire distinguer le guide qui nous précède. A onze heures du soir, nous arrivons à Fontad, où nous passons la nuit. Fontad est déjà presque à l'abri des influences funestes des marais de Piedade; mais ce qui contribue surtout à son assainissement, c'est son élévation au dessus du niveau de la mer; elle est telle, que parfois on trouve, dans certains mois de l'année, une légère pellicule de glace sur les eaux dormantes qui se trouvent le long des chemins; aussi la culture du café y est-elle un peu moins productive que dans les fazendas des environs.

Le chemin qui conduit de Fontad à la Serra-Marsh est fort beau, malgré les accidents de terrain qu'il a fallu vaincre. On suit un sentier qui serpente sur le flanc d'une montagne. A mesure qu'on s'élève le long de cette rampe, l'œil charmé embrasse des horizons immenses; à mi-côte, on découvre une vallée couverte de culture, coupée par de nombreux ruisseaux bordés de bambous grêles et de cotonniers, et dans le fond de ce premier tableau, la mer est éclairée par un soleil splendide, encadrée dans une noire ceinture de rochers couronnés d'arbres verts. Lorsqu'on arrive sur le sommet le plus élevé, l'air fraîchit considérablement, et les espèces végétales prennent les formes caractéristiques des lieux qu'elles habitent. Les papillons eux-mêmes changent d'aspect; ce ne sont plus ces immenses morphos qui m'ont rendu si heureux sur le Corcovado, mais des argynes et des argus.

Nous arrivâmes à deux heures chez M. Marsh; nous trouvâmes un homme aux manières aimables et distinguées; sa maison nous parut confortable et nombreuse, et le personnel des visiteurs auxquels il donne, moyennant une rétribution convenable, une cordiale hospitalité, est des mieux composé. Lorsque nous eûmes pris quelque repos, on nous annonça que l'habitation qui nous était destinée était à une petite distance de celle que nous occupions en ce moment. Nous nous mîmes aussitôt en route, sous la conduite de l'excellent docteur Monico, dont j'aurai plus tard occasion de parler, et nous atteignîmes bientôt une charmante maisonnette bâtie au pied des Orgues. Les pointes granitiques qui ont fait donner ce nom à ces pics aigus dominent la forêt vierge au pied de laquelle notre demeure est bâtie; une large et belle vallée s'ouvre devant elle; de grandes montagnes s'élèvent à l'horizon. C'est une véritable habitation de poëte, de rêveur, de naturaliste, de chasseur.

Il était permis aux premiers voyageurs qui pénétrèrent dans les forêts vierges d'en peindre les mystérieuses grandeurs; mais depuis que l'abbé Prevost, Bernardin de Saint-Pierre, Châteaubriand, en s'enfonçant dans ces sombres solitudes, en ont ouvert l'accès à la littérature contemporaine, cette mine inépuisable de descriptions emphatiques a été interdite aux vulgaires intelligences qui passent dans ces lieux, des boîtes, des filets sous le bras et un marteau à la main. Il n'a été donné qu'à un seul naturaliste, M. de Mirbel, d'aborder un sujet devenu si difficile; il est vrai qu'il l'a traité avec cette supériorité que la vérité donne sur l'invention, et la science sur l'appréciation souvent incompétente des voyageurs.

Aussi, quoique j'aie posé le pied sur ce sol merveilleux, je me garderai bien de peindre cet entrecroisement inextricable de cent essences végétales, qui forment, à des hauteurs prodigieuses, des voûtes impénétrables aux rayons du soleil, de décrire cette confusion harmonique de bambous, de lianes et d'arbustes, qui s'étreignent, de plantes qui cherchent à s'élever les unes au dessus des autres, pour prendre leur part d'air et de lumière, et qui meurent, comme ces populations amoncelées et pressées de nos civilisations modernes, au milieu de l'exubérante production qu'elles enfantent! La Serra-Marsh est l'un des points élevés du Brésil, aussi les productions tropicales ne sauraient plus trouver en ce lieu le soleil qui les mûrit. Si on y voit encore quelques orangers, quelques rares bananiers, des plants d'ananas, c'est qu'ils se sont spontanément développés et qu'on les a laissés croître avec la certitude qu'ils ne porteront pas de fruits.

Le propriétaire a donc dû chercher quels étaient les produits les plus faciles à obtenir sur le sol dont il dispose. Avec cet esprit essentiellement pratique qui caractérise les Anglais, M. Marsh a fait de nombreux essais, et dans ces derniers temps, il s'est spécialement attaché à la reproduction des chevaux, à la multiplication des mulets et à la culture des fruits et des légumes d'Europe.

Aucune localité ne peut certainement présenter autant d'avantages que la Serra-Marsh, pour faire des élèves. L'immense étendue de terrain qui constitue ce domaine est divisée en magnifiques bassins circulaires, qui représentent des prairies naturelles entourées de forêts impénétrables. Chacun de ces bassins est fermé, au lieu où la vallée s'ouvre dans une vallée nouvelle, par une espèce de claie, qui ne permet pas aux animaux d'une circonscription de se mêler à ceux d'une autre, et de dépasser les limites de leur domaine, qui est ordinairement de deux ou trois lieues. Là, les chevaux et les mulets paissent en toute liberté, on ne va les chercher que pour les besoins du moment ou pour leur donner des soins; mais jamais ils ne rentrent dans les écuries pour se soustraire aux influences extérieures. Une chose qui m'a fort surpris, c'est la patience et la douceur de ces animaux à demi sauvages.

J'ai vu un petit nègre de cinq à six ans qui poursuivait un cheval et qui, l'ayant saisi par les crins, s'y cramponna avec force, et parvint à l'emmener, sans que l'animal se révoltât contre la faiblesse de son conducteur. En général, les chevaux et les mulets élevés de cette manière sont de petite taille, mais infatigables. Ils ont une telle habitude des chemins scabreux, que ceux qui les montent n'ont rien de mieux à faire que de se confier à leur vigilance, et plus d'une fois ils auront l'occasion d'admirer leur prudence et leur sagacité. La culture des arbres et des légumes européens est loin de donner à M. Marsh des résultats aussi avantageux que l'exploitation dont nous venons de parler. La plupart réussissent très bien en apparence, mais leurs fruits nombreux, sont presque sans saveur. La pêche a perdu son parfum, le raisin ses propriétés rafraîchissantes. La pomme, qui paraît mieux s'accommoder de ce climat, acquiert un développement considérable au détriment de son goût originel; ses formes s'altèrent, les semences ne se développent plus dans son sein, comme une femme robuste chez laquelle l'embonpoint a tué les germes de la fécondité. Quant aux légumes, excepté le haricot et la pomme de terre, fille du sol américain, tous les autres m'ont paru bien dégénérés.

On a quelquefois essayé de cultiver le blé dans cette contrée, mais l'époque de la floraison, qui concorde avec celle des pluies diluviennes qui inondent cette région, a constamment empêché cette céréale de s'y développer complètement et d'y mûrir ses graines.

Nous avons passé trois jours dans la Serra, la parcourant en tout sens, amoncelant dans nos boîtes et notre herbier les richesses naturelles de ces montagnes. Si je ne craignais d'offenser les oreilles délicates de mes lectrices, j'énumérerais les belles plantes que j'y ai recueillies; mais, comme l'a dit M. Alphonse Karr, les noms de la science sont répulsifs et barbares. Qu'il me soit permis de dire toutefois que les belles fleurs des *fuchsia*, des *bouguinvilia* s'épanouissaient sous nos fenêtres, que des grenadilles de plusieurs espèces les entouraient de leurs diadèmes nuancés de couleurs admirables, et dans lesquels une préocupation toute mystique a voulu voir des instruments de deuil et de souffrance. Entre les pétales jaunes des papillonnacées arborescentes, nous voyons d'adorables colibris introduire en voltigeant leurs petits becs déliés. Plusieurs fois ses petits êtres sont venus jusque dans l'appartement de madame de L... demander une hospitalité, qu'on eût voulu prolonger, mais qui cessait bientôt de plaire à leur inconstante et capricieuse fantaisie.

C'est un agréable séjour que la Serra-Marsh, et aucun de nous ne l'a quittée sans regret. Le docteur Monico représentait le maître de maison; c'était lui qui nous faisait les honneurs de la jolie demeure que nous occupions. Le docteur a soixante ans, il est vigoureux et alerte; son existence, féconde en événements, en accidents imprévus, s'est passée dans les quatre parties du monde: tantôt médecin, marin, ministre du Saint-Évangile, directeur d'exploitation coloniale, suivant les circonstances, partout il a été utile, considéré et apprécié. C'est un homme aux aptitudes diverses, à l'intelligence duquel un large parcours est nécessaire, tel qu'il faut être au milieu de ces pays aventureux, où on doit souvent concentrer en soi toutes ses ressources.

Le docteur gagna promptement mon affection; j'aimais à le voir, dans nos courses vagabondes, chevauchant à côté de nous, parlant à l'un politique, à l'autre littérature, à celui-ci agriculture, économie sociale, s'informant de tout ce qui peut intéresser l'homme intelligent, venant ensuite vers moi pour aborder un sujet scientifique. Ces quelques mots, que j'écris à plus de mille lieues du bon docteur, sont un salut filial que je lui adresse de la main; puisse-t-il lui parvenir à travers l'espace. Mes récoltes à la Serra furent nombreuses. Malheureusement, la pluie, qui tombait régulierement tous les jours, empêcha mes plantes de sécher; elles moisirent entre les feuilles de papier qui les renfermaient, et que je renouvelais tous les jours. Les fleurs de mes orchidées pourrirent et se détachèrent de leurs tiges. C'était désespérant, mais irremédiable!

Je me souviens avec bonheur de mes courses dans la forêt; un nègre portait mon bagage; c'était un arsenal complet de filets, de pinces, de boîtes; mon fusil ne me quittait jamais. Je pénétrais avec cet attirail aussi loin que je le pouvais; une hache à la main, j'abattais les branches d'arbres, les arbustes ceints de lianes qui me barraient le chemin. Avec quelle émotion je soulevais les écorces des grands arbres, gisant à terre, qui abritaient d'énormes et nombreux coléoptères! Les tangaras, les pics rouges, les perroquets tombaient sous nos coups, comme des oiseaux vulgaires.

Le brésil est la terre promise des naturalistes, et, bien qu'un grand nombre se soit abattu sur cet admirable pays, botanistes et zoologistes trouveront encore à y faire d'abondantes moissons. Les régions montueuses sont, entre toutes, les plus intéressantes, et, pour ceux qui ne voudraient pas étendre trop loin leurs excursions, je leur recommande la Serra-Marsh, où ils trouveront réuni tout ce qui peut les intéresser et les émouvoir. On chasse le jaguar dans ces montagnes; c'est le plus redoutable des carnassiers américains. Je n'ai vu que la dépouille de ce puissant animal, que j'aurais voulu voir dans tout son éclat et dans toute sa force. C'était toujours à son intention que je glissais une balle dans mon fusil, quand je parvenais dans les endroits suspects de la forêt, et, quitte à ressembler au chasseur de La Fontaine, j'ai, jusqu'au moment de mon départ, supplié Jupiter de me mettre en présence du terrible animal; mais Jupiter a été assez bon pour ne pas exaucer ma prière. Si le jaguar paraît être une proie trop périlleuse à obtenir, on peut se contenter de poursuivre le tapir aux mœurs douces et sociables. J'ai souvent rencontré ce magnifique pachiderme le long des rivières, sur le bord des lacs; mais, toujours il était à l'abri de mes atteintes, à cause de l'espace qui nous séparait. Pendant mon séjour à la Serra, j'ai livré une rude guerre à l'unau disgrâcieux, ce singulier édenté, caché dans le feuillage sombre du cécropia, restait immobile tant qu'il supposait que je ne l'avais pas découvert; mais si un mouvement suspect lui révélait mes intentions hostiles, il partait avec précaution et parcourait, sans s'arrêter, de grandes distances sur le dôme de la forêt, en s'aidant de ses grands bras. C'est surtout parmi les tatoux à l'épaisse cuirasse que j'ai fait de nombreuses victimes; et, lorsque je les rapportais au logis, le vatel brésilien qui nous servait transformait leur noble armure en une vulgaire marmite, dans laquelle il les accommodait. J'ai aussi abattu quelques singes dans ces montagnes, dont les crânes prendront place dans nos collections, à côté de ceux d'un Bochisman et d'un Hottentot.

Le lecteur me croira avec peine si je lui dis que les serpents sont fort rares dans cette partie du Brésil. Ce n'est que dans les relations de voyages faits à Paris qu'on voit des individus étreints par les anneaux du boa de Laocoon, ou qu'on lit la description de forêts impénétrables, émaillées de jararacs et de cascavels. J'ai fauché de hautes herbes, traversé des taillis épais; je me suis enfoncé dans les bois les plus sombres, et je n'ai vu qu'un de ces hideux reptiles. Un reptile plus commun à la Serra est l'iguane. C'est un grand lézard, aux formes robustes, plein d'agilité et d'audace, qui grimpe sur les arbres pour y poursuivre de petits oiseaux, et qu'on voit souvent traverser les chemins pour saisir de petits quadrupèdes. M. Marsh en a tué plusieurs pendant notre séjour, qui figuraient avec honneur sur la table de ses hôtes, car on mange ce reptile, et les gastronomes brésiliens le citent avec distinction quand ils font une énumération bienveillante des richesses culinaires de leur pays. Ceux dont nous avons mangé nous ont paru ne pas différer très sensiblement, quant au goût et aux apparences physiques, de la chair d'un poulet fort jeune; aussi n'avons-nous été saisis par aucun sentiment de répulsion pour cet aliment.

VII.

Départ de la Serra. — Arrivée chez le Capitao de Custodio.

En partant de la Serra-Marsh, nous nous acheminons vers la Nouvelle-Fribourg. Au moment de quitter notre délicieuse habitation, je vois venir à moi le nègre, compagnon de mes courses, qui me tend timidement la main. Je crois qu'il me réclame une nouvelle rétribution et je lui donne quelques pièces d'argent, qu'il prend sans trop d'empressement, en répétant son geste suppliant. Je réfère à M. Marsh de ce cas embarrassant, il m'apprend alors que, lorsque les nègres rencontrent un blanc sur leur route, et qu'ils tendent vers eux leur main réunie en creux, ce n'est pas une aumône matérielle qu'ils implorent, mais celle plus spirituelle d'un vœu en leur faveur, d'une espèce de bénédiction; et que l'usage est de leur dire : *Que Dios te faze sancto*, que Dieu fasse de toi un saint. J'ajoute à cette formule un vœu plus sincère et plus en harmonie, je crois, avec les besoins de cette race disgrâciée et je dis : Que Dieu te rende digne d'être libre! Mais hélas! ce vœu, comme le précédent, ira se perdre sans écho dans l'espace; car il n'y a pas plus de saint noir au martyrologe, qu'il n'y aura, d'ici bien longtemps, de nègres libres au Brésil.

Le chemin que nous suivons est celui qui traverse les Orgues pour joindre les bords de la Paraïba. C'est sur les rives de ce fleuve qu'on rencontre quelques peuplades de Cabocles, qui sont sensés vivre du produit de la chasse ou de la pêche, mais qui se livrent, en réalité, à diverses industries. C'est auprès de ces individus, que la plupart des voyageurs européens vont ordinairement étudier les mœurs des sauvages brésiliens, dont ils sont les fidèles représentants; comme le paysan des environs de Paris l'est des mœurs pastorales, retracées avec tant de bonheur et de naïveté par M. le chevalier de Florian, dans le siècle dernier.

Nous suivons la même route pendant une partie de la journée, lorsque nous nous apercevons que notre guide principal, à qui nous avons eu la malheureuse idée d'offrir un verre d'eau-de-vie de France, s'est séparé de nous. Pour l'attendre, nous nous arrêtons à une stancia, lieu de repos pour les muletiers qui fréquentent ces parages. Au moment de notre arrivée, une caravane est en possession de l'emplacement circulaire qui constitue la *estancia*, et qui ne vaut guère la peine d'être décrite : elle se compose d'une espèce de hangar couvert, qui sert de lieu de repos pour les hommes, d'une rangée de pieux fixés en terre en dehors de la partie abritée, pour attacher les mulets. Ordinairement, on décharge les bêtes de somme pendant que les nègres préparent leur repas.

Ayant vainement attendu notre feitor, qui est un homme libre, et qui, en cette qualité, s'est tranquillement couché au pied d'un arbre, pendant que nous courons à peu près au hasard nous nous mettons de nouveau en chemin. Quelques moments après, nous pénétrons dans une admirable forêt de palmiers et de fougères arborescentes. Rien n'est grâcieux comme les arbres de nature essentiellement tropicale; ce sont eux qui servent d'enseigne à la littérature maritime, et en constituent l'originalité; et cela est si vrai, que si on voit sur un frontispice quelconque, des palmiers, des fougères, des bananiers et des perroquets, on peut deviner qu'il s'agit, dans l'intérieur du livre, de naufrages, d'îles inconnues, de Charruas ou de Bottecudos, ou de quelque sombre histoire de traite ou d'antropophagie! La présence de ces végétaux nous annonce que déjà nous sommes descendus dans des régions plus chaudes; nous nous en apercevons, d'ailleurs, à l'impression que l'atmosphère exerce sur nous. Chez M. Marsh, les palmiers étaient fort rares; à peine rencontrait-on, à de longs intervalles, quelques-uns d'entre eux portant comme une aigrette, au dessus de leur tête, la partie nutritive de leur stipe. Ici, sur une étendue immense et fort accidentée, ce ne sont que des fougères et des palmiers.

Nous nous arrachons de ce lieu qui captive longtemps notre attention, et nous arrivons dans une partie de la route où deux chemins se croisent. Lequel prendrons-nous? Un vieux nègre nous assure qu'une maison est non loin, en suivant le sentier à droite. Nous n'hésitons pas; nous nous engageons dans une espèce de ravin étroit et raide, que bordent des arbres gigantesques. Nous rencontrons, par intervalles, de magnifiques bœufs, qui nous regardent avec curiosité; quelques-uns s'enfuient à notre approche; d'autres nous accompagnent pendant un certain temps, et ne nous quittent qu'après nous avoir suivis quelques moments encore d'un œil interrogateur. La présence de ces animaux ne doit rien faire préjuger au Brésil, sur la proximité des habitations; aussi ne voyons-nous pas la maison annoncée, et nous ne la rencontrons qu'une heure après avoir suivi une descente fort rapide.

C'est une misérable hutte, entourée d'un parc immense, pour renfermer des bestiaux; un mulâtre, sa femme et ses enfants, en sont les propriétaires; ils nous apprennent qu'il existe une *venta* tenue par Pedro l'Espagnol, qui n'est distante que d'une heure du lieu où nous sommes. Nous partons guidés par le maître de la case, et, à sept heures du soir, après avoir marché pendant douze heures, nous nous trouvons en face de la plus horrible habitation que nous ayons encore vue. Une vieille femme et un hideux petit homme au pied-bot en sont les seuls habitants. A notre approche, ils s'empressent de nous déclarer qu'ils n'ont ni gîte ni aliments à nous donner. Le maître est absent, nous disent-ils, et ils ne veulent pas recevoir, sans son autorisation, un nombre aussi inaccoutumé de voyageurs.

— Remontez sur vos chevaux, ajoute la vieille femme; gagnez la fazenda du *capitao de custodio*, où vous recevrez une hospitalité complète, sans qu'il vous en coûte un reis, mon fils vous accompagnera s'il le faut. Il y avait tant de bonne volonté de la part de la vieille à nous éloigner de chez elle; elle nous donnait de si bonnes raisons pour nous décider à partir, que nous suivîmes son conseil. Nous jetons encore un regard explorateur sur ce taudis, et nous reconnaissons la haute sagesse de la vieille. La venta du *senhor* don Pedro a plutôt l'apparence d'un repaire de bandits que d'une auberge. La porte est précédée d'une mare bourbeuse, dans laquelle se vautre l'immonde animal qui se nourrit de glands, d'après l'abbé Delille. L'intérieur, noir et puant, ne renferme ni une natte pour se coucher, ni une chaise pour s'asseoir; il est d'ailleurs complètement envahi par des canards, un chien galeux et une vieille femme.

Nous voilà de nouveau sur nos mules, le pied-bot en tête de notre cavalcade. Une heure après notre départ de chez Pedro, nous arrivons chez le capitan. L'entrée de la fazenda est fermée par une porte; les chiens aboient et les nègres s'agitent pour venir reconnaître une troupe qui paraît vouloir la prendre d'assaut. Le pied-bot demande à parlementer avec le *senhor administrador*, qui accourt aussitôt. Notre héraut lui expose notre embarras, et le désir que nous éprouvons de trouver un lieu pour reposer notre tête. A peine ces explications sont-elles données, qu'on ouvre les deux battants de la porte. Nous pénétrons dans une vaste cour, à travers laquelle nous guident des nègres portant des torches. Mais, l'appartement dans lequel on nous conduit ne correspond pas à cet accueil un peu fastueux. On met à notre disposition trois petits cabinets contigus les uns aux autres, dans lesquels on dresse, ce n'est pas précisément le mot, pour être vrai, je dois dire sur le sol desquels on jette trois nattes pour nous reposer en attendant le dîner.

A dix heures, nous nous mettons à table. Depuis le matin, cinq heures, il n'est entré dans notre estomac qu'une poignée de farine de manioc et une tasse de chocolat. Le dîner que nous offre le seigneur administrateur se compose de volailles, d'un pilot de riz, de *fejoes*, espèce de haricots noirs comme du jais (substance nutritive, providentiellement destinée à entretenir la coloration du nègre), et de farine de manioc, sans pain. Le sommeil et la fatigue nous empêchent de faire honneur à ce frugal repas, et nous allons nous jeter sur nos nattes, où nous ne tardons pas à nous endormir profondément. Le lendemain, à quatre heures, nous sommes sur pied; les nègres sortent de leurs cases pour aller à leurs travaux, on entend le bruit des instruments de menuiserie et le retentissement des enclumes.

La fazenda a l'apparence et le mouvement d'un petit village. L'habitation du maître est entourée de celle des esclaves; divers bâtiments pour la préparation du thé, du café, du sucre et du manioc ont été construits tout auprès. Le thé n'est cultivé au Brésil que depuis une vingtaine d'années, et déjà il donne des produits considérables. L'exportation en devient tous les jours plus importante, grâce à la précaution qu'ont prise les vendeurs, de le renfermer dans des boîtes absolument semblables à celles qui nous viennent de Chine. Cependant, il faut avouer qu'il existe une grande différence entre le thé du Brésil et celui du Céleste-Empire : ce dernier possède un arôme qui n'a rien de commun avec l'âcreté astringente du premier ; je crois même que le thé du Paraguay, qui n'est pas un thé, est préférable au thé brésilien.

Nous quittons la fazenda du capitao de custodio, bien convaincus que quelques heures nous suffiront pour nous rendre au gîte que nous devons occuper avant d'atteindre Novo-Friburgo. C'est le senhor administrador qui nous a renseignés cette fois, et un homme aussi capable ne saurait se tromper ni nous tromper. Nous côtoyons des champs de canne ; nous grimpons sur des côteaux couverts de caféiers ; ces cultures semblent naître spontanément ; aucun travailleur ne se montre sur cette vaste étendue de pays.

Un voyage à cheval, dans ces régions presque désertes, est, au début de la journée, plein de distraction et de charme ; mais, pour peu que le trajet se prolonge, on subit forcément une suite de contrariétés inhérentes à tous les pays dans lesquels la race humaine est trop peu nombreuse. La première contrariété que nous subissons aujourd'hui, c'est de nous trouver devant un cours d'eau fort considérable, sur lequel on a oublié de jeter un pont. Les ponts sont fort rares dans le Nouveau-Monde, surtout sur ces petits fleuves sans nom, qui servent de limites naturelles à d'immenses propriétés, et que les habitants des fazendas riveraines désignent sous le nom modeste de ruisseaux.

Assis sur le bord de la rivière, nous tenons conseil pour savoir si nous tenterons le gué, ou si nous reviendrons sur nos pas ; nos conducteurs nègres sont de ce dernier avis ; mais nous en décidons autrement. Nos chevaux refusent d'abord de se mettre à l'eau ; la cravache et l'éperon ont raison de leurs répugnances ; frappés et harcelés, ils se jettent dans le courant. Les malheureuses bêtes perdent pied ; l'eau passe par dessus leur poitrail et couvre nos selles ; deux porte-manteaux se détachent, et sont irrévocablement noyés ; mais comme, après tout, le courant est tranquille, nous atteignons enfin le bord opposé, trempés jusqu'à la poitrine.

Après ce premier incident, il en survint un second : le chemin que nous suivions était si peu fréquenté, que nous le trouvâmes envahi par une végétation formidable. Nous mîmes pied à terre et nous ne pûmes avancer dans ce fourré qu'en abattant, à droite et à gauche, les branches d'arbres, les lianes et les bambous qui nous barraient le passage.

Nous avions perdu beaucoup de temps à traverser notre fleuve innommé et à franchir le fourré dans lequel nous nous étions engagés, de sorte qu'il était près de midi que nos estomacs déjà criaient famine, et nous n'apercevions pas de fazenda dans le lointain et pas une trace de fazendero, d'arriero, de feitor, sur les sentiers. Mais le site où nous nous trouvions était ravissant : c'était une forêt de palmiers, de fougères et de mimosa ; des oiseaux de toutes les couleurs volaient autour de nous ; des perroquets d'un bleu d'acier étincelant caquetaient sur les arbres ; nous eûmes même la satisfaction de manquer un magnifique hocco, grand comme deux fois un faisan. Cet oiseau, perché sur une branche isolée, nous promettait un excellent dîner, mais il emporta à tire d'ailes notre espérance gastronomique.

Cependant nos tribulations de la veille nous revinrent en mémoire, et chacun, s'abandonnant au cours de ses tristes réflexions, portait involontairement la main sur son estomac, qui poussait des cris de détresse. Enfin, nous aperçûmes une habitation ! J'y courus... elle était vide ! — Une natte jetée dans un coin annonçait bien que quelqu'un l'occupait, mais rien ne prouvait que ce quelqu'un fût sujet aux exigences de l'espèce humaine : une armoire, que j'ouvris indiscrètement, ne contenait qu'un verre à boire ! mais pas la plus petite trace d'une substance alimentaire quelconque.

Ce sont certainement là de ces événements qui, lorsqu'on est à jeûn, vous font regretter, en présence de la nature la plus poétique, les plus vulgaires relais de poste et les auberges les moins bien approvisionnées.

Dans cette conjoncture, deux chemins se présentèrent à nous. En gens sensés, nous prîmes celui qui nous paraissait le plus fréquenté, d'autant mieux qu'il présentait une pente unie et facile. Nous nous précipitâmes sur ce sentier avec une ardeur qui se ressentait de la puissance qui nous aiguillonnait. Après deux heures de course, ce sentier s'élargit tout à coup, et nous nous trouvâmes dans une belle vallée, ceinte de hautes montagnes, arrosée par deux rivières, dont l'une tombait de plusieurs centaines de pieds, avec un bruit épouvantable. Vraiment, en ce moment, nous sentîmes que nous étions payés de nos peines ; jamais rien d'aussi grandement beau ne s'était offert encore à nos yeux ; mais une pluie torrentielle nous tira de notre admiration et nous força à nous éloigner.

A dix minutes de là, nous voyons une fazenda ! En ma qualité de Provençal, j'étais censé savoir le portugais, cet affreux patois, et l'on me délégua pour savoir si nous trouverions en ce lieu bon vin, bon gîte... sans trop nous soucier du reste ; je pénètre dans l'habitation, et je demande à qui elle appartient.

— A moi, Emmanuel Ferreira Pinta, et à vous, seigneur, pour que vous en usiez comme il vous plaira d'en ordonner, me répondit un senhor fort bien vêtu...

Enchanté de cette manière biblique de recevoir les gens, je n'en demande pas davantage, et vais vers mes compagnons de voyage, pour les engager à entrer. L'homme chez lequel nous sommes en ce moment est un véritable fazendero, exploitant ses terres pour lui-même, de sorte qu'il ne saurait nous être indifférent de l'étudier dans son intérieur. Don Emmanuel était un homme d'environ cinquante ans; bien que le jour de notre arrivée ne fût ni un mercredi, ni un dimanche, sa barbe était parfaitement fraîche, ses mains très blanches et son linge irréprochable; ses manières mêmes étaient très polies et son langage fort agréable. Don Emmanuel avait une bibliothèque, dont le contenu pourra nous donner une idée de la tournure de son esprit; nous ne pûmes nous empêcher d'y jeter les yeux. Nous y trouvâmes Volney, Voltaire, Fréret!... Les deux premiers en portugais, et le troisième en français. Le logement de notre hôte n'avait rien de somptueux : une vaste cuisine, un salon un peu enfumé et une autre chambre constituaient les pièces accessibles aux étrangers. Quant aux appartements réservés nous ne pûmes que faire des suppositions sur leur contenu.

Don Emmanuel nous fit servir le souper habituel des fazenderos. Le pain y brillait par son absence, les fejoes, la farine de manioc, le porc salé, des herbes au piment et du vin de Lisbonne. Il fit dresser des lits fort propres : en ma qualité d'ami de la maison, je m'emparai de celui de l'antichambre, qui, s'il avait l'inconvénient d'être situé dans un lieu de passage, était du moins dans un lieu frais et aéré.

Le lendemain, à mon lever, un nègre à la physionomie stupide vint me dire de terminer ma toilette avec beaucoup de précaution, que je pouvais être aperçu par une senora.

— Est-ce que Don Emmanuel est marié? demandai-je au nègre.

Mais, au lieu de me répondre, il désigna du regard une porte parfaitement close, d'où j'entendis sortir un petit éclat de rire plein de gentillesse.

Ma foi, me dis-je, nos premiers parents ont péché par curiosité; pourquoi leurs fils seraient-ils moins accessibles à la tentation? D'ailleurs que peut-il m'arriver de pis, c'est que don Emmanuel m'arrache l'œil coupable; eh bien! j'en risque un, et, sans plus hésiter, je collai cet œil dont je faisais d'avance le sacrifice, sur le trou de la serrure. Ce que je vis était ravissant! C'était deux pieds de marbre, immobiles sur le parquet, deux pieds d'enfant, à mettre dans la main, surmontés d'une robe blanche, qui s'arrêtait à la cheville. Leur parfaite immobilité me fit croire à quelque pieuse statue de marbre sculptée par David, mais don Emmanuel lisait Volney, Voltaire et Fréret! C'était inadmissible. D'ailleurs les jolis pieds se mirent à trotter en se dirigeant de mon côté, ce qui me convainquit qu'ils n'ap-

7946(2)

partenaient pas à une sainte... en marbre du moins! Alors il se fit un petit mouvement dans toute la personne de ma charmante vision, et son œil vint se mettre en face du mien! Qui fut surpris de se trouver ainsi œil à œil avec moi? Ce fut mon inconnue, qui s'enfuit en poussant un petit cri... Mais tout m'avait servi dans ces quelques mouvements, j'avais vu des yeux brillants et noirs comme les graines du soug-han, des cheveux ondoyants comme des algues marines, un front blanc et lisse comme les pétales du magnolia, des lèvres devant lesquelles les fleurs du fuchsia eussent paru pâles! Le petit cri qu'elle poussa, ce petit cri de biche effarée, m'avait montré une rangée de dents qui ressemblaient aux boutons du jasmin, lorsquils vont éclore, et, pour terminer mon parallèle botanique, je dois ajouter que sa taille était souple comme une liane élancée, comme une fougère arborescente! C'était à n'en pas douter, nous avions pris gîte chez un Lara, chez un Saladin, et ma découverte me faisait involontairement rêver.

Je sortis de l'habitation; la première personne que je vis fut don Emmanuel. Je dois dire qu'il me parut affreux... Il était entouré d'une vingtaine de négresses et d'une volée de petits enfants de l'âge de trois ans à deux mois, sans compter ceux qui n'étaient pas nés. Il me montra ses cultures, elles étaient considérables et consistaient en cafier.

— Et vos nègres? lui demandai-je.

— Ils sont tous là, me répondit-il en me montrant les femmes et les enfants et cinq à six gaillards bâtis comme des cariatides; pour l'exploitation des cultures, je loue des esclaves, au temps des récoltes et des grands travaux.

Que faisait donc habituellement don Emmanuel de ces femmes et de ces cinq à six gaillards herculéens? C'est ce qu'on va facilement comprendre.

Du temps que la traite était tout à fait permise au Brésil, les planteurs songeaient peu à élever les enfants de leurs nègres, dont le prix de revient, à l'âge de puberté, était bien supérieur à celui d'un nègre complètement élevé, amené d'Angole; mais, depuis l'exercice de cet affreux droit de visite, la chair exotique étant devenue rare, il a fallu songer à la remplacer par les produits du sol. Aussi notre ami Farriera Pinto s'occupait, dans sa solitude, de la propagation et de l'amélioration de l'espèce nègre, et nous avions sous les yeux les résultats les plus productifs de son industrie! On pouvait même voir, à la nuance de ses élèves, que le digne homme donnait parfois l'exemple à ses travailleurs, et qu'il daignait s'occuper de la confection de ses produits!...

Et ceci n'est pas un conte fait à plaisir, une *invention* de voyage, éclose au coin du feu et après coup, mais une bonne vérité. Et cette infâme usine fonctionnait en face d'un des plus beaux sptacles du monde, au sein d'une verte vallée, arrosée par les eaux de deux rivières, au pied d'une montagne majestueuse, au flanc de laquelle pendait une immense nappe argentée, qui tombait avec un fracas qui ressemblait, à plus d'une lieue de distance, au bruit de la foudre et du vent.

Nous demandâmes à don Emmanuel s'il nous serait impossible de passer au pied de la cascade dont nous ne découvrions qu'une partie, en prenant la route de Novo-Friburgo.

— Rien n'est plus facile, nous répondit notre hôte ; j'avais fait ouvrir un chemin pour m'y rendre moi-même ; bien qu'il y ait un an et que je n'aie pas exécuté mon projet, je crois néanmoins que le tracé existe encore, et pourra vous y conduire ; d'ailleurs, mes nègres vous précéderont, pour aplanir les difficultés du terrain.

Quelque demande que vous fassiez à un fazendero brésilien, il vous répond toujours d'une manière affirmative : on dirait que, pour ces gens-là, l'impossible n'existe pas. L'habitude qu'ils ont de faire des courses gigantesques au milieu des plus grandes solitudes, les amène à penser que, pour des Européens, les distances à parcourir ne sont également qu'un jeu.

Sur la foi de don Emmanuel, nous nous enfonçâmes donc dans une obscure forêt, dont les arbres serrés formaient un dôme unique. Au bout d'une heure, nous étions dans un fourré impénétrable, où les chevaux ne pouvaient avancer et que les nègres étaient impuissants à éclaircir ; plusieurs d'entre nous se mirent bravement à l'ouvrage. Nous parvînmes à franchir cet obstacle ; mais il s'en présenta d'autres, et tous nous fûmes obligés de faire le reste de l'ascension à pied, laissant à chaque instant des lambeaux de nos vêtements aux longues épines des bambous, aux branches des arbres, aux rochers cachés sous les mousses et les fougères.

Nous traversâmes plusieurs ponts de lianes naturels, qui ressemblaient à un travail humain ; enfin, nous arrivâmes à notre but, après des travaux qui seront compris de ceux-là seuls qui ont franchi les forêts primitives.

Cette cascade, appelée la cascade de Paquequer, tombe de cinq cents mètres d'élévation ; elle porte bateau à sa source. Cette masse d'eau se brise sur de grands rochers granitiques, et se pulvérise en étincelantes gouttelettes. Cette pluie perlée forme un nuage vaporeux, au travers duquel se joue un radieux soleil, et va s'abattre sur le dôme de la forêt, qui la recueille et la transforme en mille petits ruisseaux irrités et bondissants à travers le labyrinthe de rochers qui l'environne.

Nous étions muets devant ce spectacle ; les nègres poussaient des cris inarticulés pour exprimer leur admiration ; c'est que rien de plus magnifique ne saurait désormais s'offrir à nos regards! D'un côté, ce puissant effet de l'eau brisée, écumante et fuyant irritée dans son lit, de l'autre, le mugissement de l'air déplacé par cette chute colossale; à droite, l'aspect silencieux et sombre de la forêt, à gauche, l'austère grandeur des pics décharnés, qui semblent écouter avec effroi le fracas épouvantable qui se fait à leur pied.

Nous sommes étonnés que cette cascade de Paquequer, située seulement à six journées de Rio, n'ait pas une réputation européenne. C'est que la plupart de ceux qui arrivent à la fazenda de don Emmanuel, en entendant le bruit étrange de la cascade, se contentent de contempler le grand ruban azuré qui pend au flanc de la montagne, sans prendre la peine d'aller sur les lieux mêmes en contempler la gigantesque majesté.

Lorsque nos yeux et notre imagination sont rassasiés, nous continuons notre route pour la Nouvelle-Fribourg, bien que l'heure soit déjà avancée et le soleil haut sur l'horizon; mais nous avons pris du contentement et du courage pour toute la journée, et, quoi qu'il puisse arriver, nous sommes décidés à ne pas nous plaindre.

Nous commençons d'ailleurs à nous habituer aux voyages dans ces régions où rien n'est préparé pour la commodité de ceux qui les parcourent, où il faut se munir d'avance de tous les objets nécessaires à ses habitudes, prévoir toutes les éventualités de la route, être soi-même le pourvoyeur de ses besoins; voyages qui vous apprennent à simplifier l'existence et à renoncer à ses superfluités.

VIII.

Séjour à Novo-Friburgo.

Après une ascension de six heures consécutives, nous arrivons enfin sur une crête escarpée, d'où nous descendons dans une vallée très large et très étendue, qui renferme les cabanes des Suisses qui vinrent, il y a une vingtaine d'années, fonder la colonie de la Nouvelle-Fribourg. C'est avec un sentiment réel de plaisir que nous voyons de beaux enfants blonds, de belles jeunes filles roses et blanches, paraître sur le seuil de ces chétives habitations et nous suivre du regard. Depuis notre arrivée au Brésil, nous n'avons rencontré que des figures noires ou brunes, que des cheveux et des yeux noirs, que des physionomies ardentes et diaboliques qui semblent sous la préoccupation constante de quelque pensée infernale. Le contraste de ces douces apparitions, de ces figures naïves, de ces yeux bleus, encadrés dans des cheveux blonds, repose agréablement notre vue et notre pensée. Si ce n'était le temps qui nous presse, la pluie qui tombe et le tonnerre qui gronde, car depuis notre départ nous avons notre orage quotidien, nous nous serions un moment arrêtés chez ces pauvres gens qui, en notre qualité de Français, nous saluent avec empressement et affection; mais nous avons hâte d'arriver.

Enfin, à six heures du soir, après une course et un jeûne de douze heures, nous mettons pied à terre devant l'hôtel Salusse, à Novo-Friburgo! Et, pour faire juger de l'impression que nous avons dû produire en arrivant, je dois décrire notre accoutrement. Chacun de nous est chaussé avec ces grandes bottes de minciros, en peau de cerf, qui montent jusqu'au haut des cuisses; ces bottes, souillées de boue, recouvrent un pantalon jadis blanc ruisselant de pluie; nos vestes de toiles lézardées et mouillées sur notre dos, et nos chapeaux de Panama à la forme écrasée, aux ailes larges, déformés par l'humidité, tombent jusque sur nos yeux. C'est que huit jours de courses, de voyages à travers les solitudes brésiliennes, fanent la toilette la plus irréprochable, et qu'il est difficile d'en réparer le désordre, lorsqu'après douze heures de marche on arrive dans les bouges de ces chers fazenderos, pour en repartir le lendemain!

Nous étions à savourer le bonheur qu'on éprouve à habiter un vêtement sec et chaud, après avoir subi la pluie pendant sept à huit heures, lorsqu'un jeune homme blond, aux manières distinguées, à la mise élégante, vint nous engager à assister à un bal qui avait lieu le soir même.

— On danse et on parle français à la Nouvelle-Fribourg, nous dit notre aimable visiteur, c'est assez pour vous croire momentanément transportés à Paris.

Nous nous rendons à la salle de bal, et nous sommes fort étonnés en voyant la beauté et l'élégance des charmantes danseuses que nous trouvons réunies. Ce sont, pour la plupart, de jeunes dames de Rio, qui sont venues passer la chaude saison à Novo-Friburgo et quelques dames de la ville. Tout est européen dans leur mise. Le caractère original des toilettes brésiliennes a complètement disparu, et rien n'indique que cette réunion ait lieu à deux mille lieues de notre pays, preuve par trop évidente de cette tendance universelle vers une unité d'une monotonie désespérante, que quelques-uns considèrent comme le terme certain d'un extrême progrès.

Deux nègres sont installés à l'orchestre; si les sons qu'ils tirent de leurs robustes violons ne sont pas d'une harmonie parfaite, la mesure est du moins toujours rigoureusement respectée. Notre introducteur, qui fait avec une grâce parfaite les honneurs du salon, danse la première contredanse avec une dame frêle et blanche. Comme, après tout, il était temps de s'informer des nom, titres et qualités d'un homme qui pousse les mœurs hospitalières jusqu'à se faire le cicérone et le protecteur des étrangers que le hasard conduit dans son pays, je prends la liberté de m'adresser à un monsieur en lunettes vertes, habit, pantalon et gilet noirs, figure pâle et maigre, qui s'est assis auprès de moi et qu'on m'a désigné comme le poète élégiaque de la colonie.

— Voilà, lui dis-je, en lui désignant mon inconnu, un danseur dont l'élégance et les belles manières m'ont frappé ; a-t-il long-temps habité la France ?

— Certainement; mais il n'y apprit point à danser.

Cette réponse brève, faite d'un son de voix caverneux, me surprit étrangement. Ayant prié mon interlocuteur de s'expliquer, je sus que le danseur dont j'avais remarqué l'élégance était le curé de la paroisse!

Cet excellent prêtre, s'étant depuis longtemps aperçu que la cloche de son église avait beau carillonner, et que ses ouailles se rendaient peu à son appel, s'était imaginé, pour avoir un moyen de les rejoindre, de se mettre à la tête des bals, des divertissements de la Nouvelle-Fribourg, et de venir danser avec elles, puisqu'elles ne voulaient pas venir prier avec lui. Sa ruse avait complètement réussi : les paroissiens et le curé ne formèrent plus, dès lors, qu'une même famille; le même coup d'archet avait la puissance de les appeler dans le même lieu, où le pasteur donnait l'exemple, apparaissait le premier, soutenant sur son bras sa jeune sœur, jolie Hélvétienne à qui cette réforme religieuse paraissait fort bien convenir. La fête fut fort gaie, et, grâce à l'appoint de danseurs que la légation avait apporté, elle se prolongea jusqu'au moment où le soleil vint se montrer sur les montagnes élevées de Moro-Queimado.

Il y a une vingtaine d'années qu'on chercha à amener au Brésil un assez grand nombre de Suisses pour peupler un petit coin de ce vaste empire. Les agens chargés d'enrôler les Helvétiens leur peignirent l'avenir qui les attendait sous des couleurs ravissantes. La foule des enthousiastes et des désœuvrés se précipita sur leurs pas, et ils arrivèrent au Brésil pleins des espérances les plus folles et les plus irréalisables. Le gouvernement leur assigna un sol fertile à mettre en culture, en garantissant à chaque colon une rétribution annuelle qui devait assurer son existence pendant deux ans. Cette avance qui, pour des hommes prévoyants, devait être la source de leur fortune, fut pour le plus grand nombre une cause de ruine. Assurés pendant un certain temps du pain du lendemain, au lieu de défricher leurs terres et de bâtir leurs demeures, ils se livrèrent à l'existence vagabonde du chasseur, parcourant le pays en tout sens, s'habituant à cette vie nomade, qui n'a que trop d'attraits lorsqu'on la compare à la monotonie des occupations industrielles. Vint le temps qui mit un terme aux largesses du gouvernement ; alors ces hommes, dénués de tout moyen d'existence, se répandirent dans l'intérieur, continuant leurs habitudes à demi sauvages, et les pauvres créatures qui s'étaient associées à leur fortune s'en furent à Rio grossir le nombre des femmes perdues, qui ne se recrutaient, avant ce temps, que parmi les négresses et les mulâtresses.

Quant à ceux qui, plus laborieux, avaient mis le temps à profit, ils ne furent pas d'abord récompensés de leurs peines. Le mode de culture qu'ils avaient adopté n'était pas en rapport avec le sol qu'ils cultivaient. Leurs caféiers ne donnèrent que des fruits avortés, et leurs cannes à sucre ne produisirent qu'un suc aqueux, ne contenant qu'une faible proportion de principe cristallisable. La tentative de colonisation avorta donc complètement, et ce ne fut qu'après ce premier et infructueux essai que de nouvelles familles suisses, françaises, anglaises et allemandes vinrent s'établir dans ce lieu. Mieux avisés que leurs prédécesseurs, profitant de leur expérience, ils exploitèrent toutes les ressources de la colonie pour assurer momentanément leur existence.

Une chose assez bizarre, c'est que le commerce qui contribua à donner un peu d'activité et de vie à ce pauvre pays, fut celui des objets d'histoire naturelle. Un colon, qui est aujourd'hui dans une position de fortune très satisfaisante, m'a souvent répété que, pendant les deux premières années de son séjour à Moro-Queimado, il vendait annuellement pour 6,000 fr. de peaux de perroquets. Infortunés perroquets ! Il ne suffisait pas à leur malheur que la plupart d'entre eux vécussent en exil, isolés sur un immobile perchoir, entre une dévote et un angora, il a fallu encore qu'aux lieux de leur naissance, l'industrie humaine mît à contribution leur dépouille ; et il ne se vend pas, à Rio, une de ces jolies fleurs nuancées de rouge et de vert, qu'on confectionne avec des plumes, qui n'ait coûté la vie à un descendant de Vert-Vert, d'Emeraude et du classique Jacot.

Bien que depuis le temps dont je parle l'état de la colonie se soit considérablement amélioré, cependant le commerce qu'on y fait des objets d'histoire naturelle est encore fort important. Il est peu de maisons dans lesquelles on ne recueille des squelettes d'animaux, des peaux bourrées d'oiseaux ou de mammifères, des insectes, des plantes, réunis en collections pour les offrir aux voyageurs. Dans quelques habitations, les enfants se livrent à une recherche très active de ces objets, et c'est à eux surtout qu'on doit la quantité d'objets rares et précieux qu'on exporte de ce pays. J'ai vu quelques collections vraiment intéressantes ; l'une d'entre elles surtout, exclusivement composée d'insectes microscopiques, offrait un intérêt d'autant plus réel, qu'elle donnait la certitude qu'avec les plantes fourragères cultivées en Europe, l'homme a également transporté les insectes qui s'en nourrissent dans cette partie du monde. Ainsi ai-je reconnu quelques petites espèces de coléoptères et d'hyménoptères qui vivent aux environs de Paris.

La pricipale industrie de Novo-Friburgo consiste dans le louage des bestiaux et la production des mulets. Les ventes qu'on fait en beurre et en fromage constituent aussi l'un de ses principaux produits. Mais les personnes intelligentes qui habitent Novo-Friburgo n'ont pas assez cherché à assurer la prospérité de leur pays par la production du sol. La pensée qui les préoccupe est de faire de ce lieu le rendez-vous de la belle société qui fuit le littoral pendant les grandes chaleurs; elles pensent que ce concours d'étrangers serait suffisant pour assurer le développement matériel de cette localité en lui fournissant chaque année une pluie bienfaisante d'onces et de reis. Ces espérances nous paraissent peu fondées. Nous étions à Novo-Friburgo dans le temps des plus fortes chaleurs brésiliennes; la température était, il est vrai, très fraîche, mais elle n'était maintenue à cet état que par les pluies abondantes qui tombaient régulièrement tous les jours, et qui faisaient de ce pays un lieu de réclusion fort triste. Et puis lors même que la mode sanctionnerait momentanément cet usage, il n'y aurait dans ce caprice aucun élément de durée.

Les environs de Novo-Friburgo ne renferment aucune de ces merveilles naturelles qui attirent les étrangers; pas le plus petit précipice, pas la moindre cascade et surtout aucune de ces sources thermales, qui sont un prétexte commode pour les femmes élégantes de courir les champs et pour les médecins de se débarrasser de leurs *vapeurs*. D'ailleurs, il y a quelque chose de triste à voir ces petites villes assises sur le bord des grands chemins et semblant inviter par un sourire significatif tous les voyageurs qui passent à se reposer un moment entre leurs bras. C'est un métier qui ne convient guère aux populations laborieuses, qui veulent assurer leur existence par le travail.

Les ressources agricoles du territoire de Moro-Queimado sont excessivement restreintes, je l'avoue; les productions tropicales, comme je l'ai dit en parlant de la Serra-Marsh, n'y trouvent plus les conditions de leur développement; les fruits d'Europe y subissent les mêmes dégénérescences, et les essais qui ont été tentés pour l'acclimatation des vers à soie y ont complètement échoué; mais ce ne sont pas des raisons suffisantes pour détourner les yeux de ce sol fertile. Qu'on jette les yeux sur la vieille Europe, on verra que ce n'est pas dans les lieux que l'oranger parfume de son arôme, où il donne annuellement sa triple récolte, qu'existe le plus grand mouvement matériel, mais là où croissent d'abondants pâturages, dans lesquels paissent de nombreux troupeaux.

Toutefois, nous ne saurions passer sous silence un établissement de Novo-Friburgo, qui, grâce à l'activité de son fondateur, prend tous les jours plus d'extension. C'est une maison d'éducation, dirigée par M. Freese, un Anglais intelligent et zélé, qui semble concentrer en lui la rigidité sévère du méthodiste et du puritain. Son collége, qui n'est en exercice que depuis quelques années, renferme plus de cinquante élèves (nombre limité par le directeur), qui sont accourus de toutes les provinces brésiliennes, car c'est le seul établissement digne de quelque confiance qui existe dans ce vaste empire. On retrouve déjà parmi ces jeunes enfants plusieurs noms célèbres du Brésil, et nous n'avons pas vu sans surprise que presque tous les élèves de M. Freese parlaient également bien le portugais, le français et l'anglais. Plein de cette pensée que l'éducation doit être en rapport avec l'état social dans lequel on doit vivre, le directeur semble prendre à tâche de les former aux mœurs constitutionnelles. Il habitue de bonne heure ses élèves aux improvisations orales et leur inspire une profonde horreur de l'esclavage; conséquent avec les principes qu'il leur inculque, il n'a chez lui que des nègres libres.

Lorsque nous fûmes visiter l'établissement de M. Freese, le bon vieillard vint au devant de M. de L..... et lui exprima son admiration pour la France et sa sympathie pour nous. Immédiatement, il offrit de nous donner une preuve de ses sentiments en nous faisant raconter par ses élèves la grande épopée impériale, ce que firent ces enfants avec une orthodoxie vraiment française. Malheureusement, pendant qu'on glorifiait notre grand empepereur, dans le cabinet même de M. Freese, j'étais arrêté devant une étrange peinture : elle représentait la personne de l'homme illustre, reproduite au moyen de membres séparés du tronc, de chairs en lambeaux; une rivière de sang entourait son cou, une araignée s'étalait sur sa poitrine, un aigle, qui coiffait sa tête, plongeait ses serres dans son cerveau. A peine M. Freese se fut-il aperçu de l'attention que je portais à cette ignoble caricature qu'il accourut vers moi : « C'est ma femme, me dit-il, qui a copié, en 1815, cet horrible tableau; j'étais amoureux alors, et depuis, en souvenir de ce temps, je n'ai pas osé le détruire... Mais vous voyez que je l'ai relégué loin de tout regard. »

Novo-Friburgo compte environ mille cinq cents habitans; les maisons, au nombre de trois cents, sont d'une apparence assez chétive; elles sont bâties sur une seule ligne et occupent par cela même un long espace. La vallée est en outre peuplée de petites cabanes disséminées çà et là, et contient encore quelques centaines de familles. L'aspect de la Nouvelle-Fribourg est assez agréable; les montagnes qui bordent l'horizon portent un caractère assez remarquable : elles sont pour la plupart dénudées sur leur sommet, ce qui est assez rare dans cette partie du Brésil. Cette dénudation est due à un incendie terrible qui éclata dans ces forêts, ce qui fit donner à cette vallée le nom de Moro-Queimado. On rapporte qu'à la suite de cet incendie formidable, une sécheresse de plusieurs années fut une cause de ruine pour les habitants des environs; aucune de leurs récoltes ne se développa complètement, et leurs cours d'eau diminuèrent sensiblement de volume. Sur cette terre encore jeune, le mal n'a pas été irremédiable, et aujourd'hui il n'existe presque plus de traces de ce terrible événement. Il serait fort heureux que le résultat qui s'ensuivit dessillât les yeux du gouvernement brésilien, et lui fît adopter une loi sévère pour régler le mode à suivre dans les défrichements, afin de ne pas laisser à des fazenderos sans prévoyance la liberté de se livrer à une destruction illimitée, qui entraînerait, dans un avenir fort éloigné, il est vrai, le déboisement de l'empire.

Ce n'est jamais impunément que l'homme se fait dévastateur des richesses végétales dans un pays; en croyant augmenter momentanément ses produits, il en détruit le principe. Une chose bien pénible à voir, lorsqu'on parcourt ces jeunes terres conquises depuis peu par l'activité humaine, c'est la précipitation que mettent les premiers habitants à détruire les êtres inoffensifs et les plus utiles, en négligeant d'attaquer ceux qui sont un sujet d'effroi. Ainsi, au Brésil, on ne connaît aucun moyen pour arrêter dans leur œuvre de reproduction ces hideux reptiles qui sont un objet de terreur, et on abat tous les jours des milliers d'oiseaux dont le seul tort est de vivre auprès des habitations de l'homme, de chercher dans le calice des fleurs l'insecte qui soustrait leurs sucs nourriciers, de poursuivre dans son ovaire un œuf, qui, en se développant, engendrera un ver parasite, lequel privera l'agriculteur du fruit qu'il attendait.

Le lien de solidarité et d'amour qui existe entre les êtres composant le règne organique, n'a pas été étudié encore; si on le connaissait, on apprendrait à respecter ceux qui nous viennent en aide. L'homme étendrait alors sa protection sur la nature entière, depuis l'insecte qui va porter à la fleur femelle épanouie sur sa branche solitaire le baiser fécondé de son amant, jusqu'aux animaux plus élevés, qui sont ses hôtes et ses amis. Ce qui devrait nous apprendre à respecter les habitants ailés de nos campagnes, c'est cette parfaite similitude de formes qui les rapproche des fleurs que nous cultivons. Les rosacées et les papillonnacées, par exemple, ne sont-elles pas des ailes immobiles, qui semblent attendre le mouvement et la vie, aspirer vers une existence plus élevée? Et le papillon qui fend l'air, est-il autre chose que les pétales animés d'une fleur dont les espérances ont été réalisées et à qui il a été donné de franchir l'espace? Et n'est-ce pas lui qui doit être le messager fidèle de l'amie que sa destinée a fixée sur sa tige vacillante? Quelle main délicate sera jamais capable de remplacer le bec délié d'une de nos charmantes mésanges ou d'un brillant colibri, écartant la soie légère d'un pétale, le fil d'or d'une étamine, sans endommager ni le tissu léger, ni la bourse précieuse, pour arracher de dessus le lit de velours l'insecte qui, dans ses brusques mouvements, peut en opérer la destruction !

Pourquoi M. Alphonse Karr, qui parle de toutes ces choses d'une manière si ravissante, avec une connaissance profonde et un amour réel, n'a-t-il pas fait un plaidoyer en faveur de ces êtres charmants !

J'ai connu quelques Français à Novo-Friburgo, entre autres, deux médecins pleins d'instruction et de mérite. En général, ceux de nos compatriotes qui ont quité la France pour se créer, dans ce pays, une position en rapport avec leur valeur personnelle, sont des hommes d'intelligence et d'énergie; on lit sur leurs visages fortement accentués tout ce qu'il a fallu de volonté à ces courageux et loyaux aventuriers pour conquérir la position qu'ils occupent, pour avoir su gagner la confiance et l'affection des populations. En France, nous n'avons aucune idée de cette vie exceptionnelle du fazendero éloigné de tout centre de population, vivant en roi absolu au milieu de son peuple de noirs. L'action normale de la loi s'arrête à l'entrée de son domaine, quelque chose qu'il fasse. Qui le dénoncerait? qui l'arrêterait? Aussi n'est-ce pas sans un vif intérêt que j'écoutais le récit des luttes incessantes que la plupart de nos compatriotes ont eu à soutenir pour prendre leur place au soleil, sans en appeler à d'autres moyens que ceux qu'une intelligence forte et élevée peut opposer à l'ignorance et à la brutalité. Je me plaisais surtout à évoquer leurs souvenirs, à ramener quelquefois leurs pensées vers la patrie, que quelques-uns ont abandonnée sans retour. Ceux-là m'introduisaient dans leur jeune famille, et, comme tous les pères du monde d'ailleurs, ils tiraient l'horoscope de leurs enfants en ma présence. Mais une chose qui m'attristait profondément, c'était de voir que la plupart de ces enfants connaissaient à peine la langue de leur père, que plusieurs même ne la parlaient plus. Cet abandon de la langue paternelle, à la première génération, bien qu'il s'explique, ne se comprend pas d'abord.

Il existe à Novo-Friburgo beaucoup de mariages mixtes de Français et de Brésiliennes, de Suissesses et d'Anglais, de Français et d'Anglaises; chacun d'eux, pour s'entendre en ménage, chose essentielle, a pris l'idiôme portugais pour langue commune; de plus, les enfants élevés par les négresses ont conservé exclusivement un langage parlé par le père et la mère, et qu'ils ont épelé en naissant. Ainsi, dans cette colonie, on ne parlait que français à son début; il est très probable que, d'ici à vingt ans, notre langue ne sera pas tout à fait inconnue, mais d'un usage tout à fait accidentel et restreint.

Après nous être longuement reposés à Novo-Friburgo et en avoir soigneusement visité les environs, nous prîmes la résolution de regagner Rio en passant par Santa-Anna, San-Payo, et de rentrer dans la capitale brésilienne en descendant le Macacou. Le jour fixé pour notre départ, nos préparatifs étaient faits à cinq heures du matin, et à huit heures, grâce à la lenteur caractéristique de nos muletiers portugais, nous n'étions pas encore en chemin. Rien ne sert, dans ces circonstances, de prier, supplier, tempêter; on n'active nullement leur zèle; le mieux est de prendre patience. C'est ce que nous fîmes, avec une résignation digne d'éloges; aussi, à neuf heures du matin, montions-nous à peine à cheval.

IX.

Retour de Novo-Friburgo à Rio-Janeiro.

Notre première halte eut lieu dans une venta située au milieu d'une immense forêt vierge, et qui porte pour enseigne : la *Boa Fama*. Cette hôtellerie, isolée au milieu des bois, rendez-vous des fazenderos, des feitors et des muletiers, pourrait être un peu suspecte au premier abord ; mais, lorsqu'on a vu la figure avenante du sieur Darieu, qui en est le propriétaire, on se sent complètement rassuré ; on comprend qu'on ne saurait, sans injustice, soupçonner la probité de sa venta, et qu'elle doit réaliser les promesses de son enseigne.

Darieu est certainement une des natures les plus originales que j'aie vues. Leste, joyeux, avenant, il ne prend pas un moment de repos; constamment en rapport avec les muletiers, espèce de contrebandiers, qui ne transportent leurs marchandises que la nuit. Sa maison sert d'entrepôt à leurs expéditions un peu aventureuses, et certes elle est bien placée pour la chanceuse industrie.

La vie de cet homme, comme celle de toutes les natures nomades, a été semée de mille aventures ; mais, chez ces hommes habitués à vivre presque sans frein, les fruits d'une première éducation finissent tôt ou tard par se développer, et ils viennent se soumettre volontairement aux lois qui régissent les sociétés. Dans ce cas, c'est plutôt à un instinct de la nature humaine qu'ils obéissent qu'à une croyance religieuse.

En voici la preuve : en voyant jouer, sur les nattes de la principale pièce de la fazenda, deux petits enfants parfaitement blancs, nous demandâmes à Darieu s'il était marié depuis longtemps.

— Depuis un mois, nous répondit-il.

— Et ces enfants?

— Ma foi! ils ont devancé la cérémonie de quelques années. Un jour enfin, voyant ma femme fort malade, le médecin m'avait assuré qu'elle n'avait plus deux jours à vivre; j'envoyai chercher le curé, et il nous maria.

Nous louâmes Darieu de son action. Il reprit aussitôt :

— On se marierait plus souvent dans ces pays, si ce n'était pas si cher; mais on ne donne pas ici les sacrements pour rien. Mon mariage, par exemple, m'a coûté quarante mille reis, et, avec cette somme, on fait bien des affaires.... Il est vrai qu'avec quarante mille reis, j'ai fait baptiser mes enfants, qui ne l'étaient pas, et inhumer le troisième, qui est mort pendant le séjour du curé!... Ce fut fort heureux. un enterrement sans prêtre m'a toujours répugné; j'aurais mieux aimé payer encore une fois la même somme, quoique notre curé danse mieux qu'il ne chante au lutrin...

Inutile de dire que le curé de Darieu était notre aimable connaissance de Moro-Queimado!

En sortant de la fazenda, je vois la jeune femme de notre hôte. C'était une frêle créature, aux traits doux et délicats; elle était vêtue d'une pauvre robe rose, que des lavages successifs avaient en partie déteinte; ce vêtement, parfaitement propre, s'harmonisait admirablement avec celle qui le portait; les teintes de son visage semblaient se confondre avec celles de cette étoffe presque incolore. Elle était assise sous une grande feuille de bananier, qui l'abritait du soleil, et faisait répéter, avec une douceur angélique, quelques mots portugais à un petit nègre couché à ses pieds, lequel était une récente acquisition de Darieu.

On dit que certains hommes naissent esclaves même dans les rangs les plus élevés de la société; il faudrait dire aussi que, dans les rangs les plus infimes, quelques pauvres femmes naissent marquises ou grandes dames! Qu'aurait-il fallu à cette pauvre existence si riche en beauté pour être adorée, chantée, par les poètes, pour être l'objet d'un culte? Mon Dieu! presque rien? naître dans une maison! Et la pauvre enfant avait reçu le jour dans une des anfractuosités des roches granitiques qui abritent les cabanes des Suisses, aux environs de la Nouvelle-Fribourg.

De la Nouvelle-Fribourg chez Darieu, on descend presque constamment; le chemin est large et bien entretenu. Arrivé dans cette partie de la route, on y entre dans des plaines basses et fangeuses, qui vous accompagnent jusqu'au bord du Macacou.

En sortant de la venta, nous entrons dans un de ces chemins boueux; ce fut en le suivant que nous atteignîmes Santa-Anna, petite ville d'un aspect gracieux; mais sa situation au milieu des eaux marécageuses commence à en faire un des pays très malsains qui bordent la rivière sur laquelle nous devons nous embarquer. Ce pays, qui peut facilement transporter ses produits à Rio, est dans un état de prospérité réelle. C'est la seule de ces petites villes brésiliennes qui ait un peu d'industrie, si toutefois on peut appeler une industrie la fabrication de ces grands couteaux que les feitors et les muletiers portent en voyage, derrière la ceinture de leurs pantalons, et qui ne témoignent pas, de prime abord, en faveur de leurs intentions pacifiques. En approchant de Santa-Anna, nous rencrontrons des bandes de mulets chargés de sacs de café et de caisses de sucre; ils arrivent de l'intérieur, et ils apportent ces produits dans cette ville, pour être plus tard transportés à Rio par les bateaux qui naviguent sur la rivière. Nous partons de Santa-Anna à huit heures du soir, et, malgré l'obscurité, les chemins presque impraticables que nous suivons, les eaux débordées dans lesquelles nos mulets marchent avec peine, nous arrivons à la fazenda du Collége à dix heures.

Cette fazenda est ainsi nommée parce qu'elle a appartenu aux jésuites. Bien qu'ils n'y aient fondé d'autre établissement qu'un établissement agricole, elle a pourtant retenu ce nom, ainsi que toutes les propriétés que les pères ont jadis possédées au Brésil. Preuve évidente du fervent amour que la société a toujours manifesté pour l'enseignement, quelques-uns disent même aujourd'hui pour la liberté d'enseignement.

La fazenda du Collége est certainement une des plus belles exploitations agricoles du Brésil. Elle occupe plus de mille noirs disséminés sur une immense superficie, et dont le groupe principal est à la fazenda même. De beaux chemins bien entretenus, sur lesquels peuvent passer des chars à quatre roues, d'une construction aussi barbare qu'on pourra se la figurer, et traînés par des bœufs, servent à transporter les récoltes des champs à la fazenda. Les bâtiments sont immenses; ils se composent d'une aile très vaste, renfermant les appartements des maîtres; toutes ces pièces sont vastes et bien meublées; les logements de l'aumônier, du médecin, de quelques employés supérieurs, une chapelle et un hôpital. Cette aile est renfermée dans une immense cour, qui est, en quelque sorte, la cour d'honneur. Derrière cette première cour, il en est une autre moins belle, mais bien plus grande; c'est au fond de celle-ci que se trouvent le logement du directeur général, un très vaste bâtiment consacré à la manutention de la canne à sucre, des ateliers de toute sorte, une usine pour la préparation du manioc, les écuries pour les bestiaux; puis, en dehors de cette seconde enceinte, les cases des nègres, qui constituent un grand village, de l'aspect le plus misérable.

Dans ces pays, où les voyageurs sont rares, où l'hospitalité est plus souvent pratiquée gratuitement qu'elle n'est payée par ceux qui passent, où l'on ne trouve des lieux de repos qu'à d'énormes distances, l'arrivée d'une cavalcade nombreuse dans une habitation est toujours un grand événement. A notre arrivée, les chiens aboient, les nègres crient, et nos chevaux hennissent. Dire que nous fûmes parfaitement accueillis par les habitants de la fazenda, serait une grande exagération et même un léger mensonge. Tous ces gens troublés dans leur sommeil ne parurent guère se soucier de savoir qui nous étions et où nous allions. On nous apporta du thé, peu de sucre, et très peu de rhum, puis, après nous avoir montré des nattes sous des moustiquaires, on nous souhaita une *boa noite*... On s'habitue, en voyage, aux plus simples repas; celui-ci, quoique léger, ne souleva aucune réclamation : c'était un souper, il fallait l'accepter ainsi.

Le lendemain, de très bonne heure, je visitai les environs de la fazenda; c'était un dimanche; des négresses étaient au lavoir, occupées à blanchir leur vêtement pour le jour même; d'autres préparaient leurs aliments sur un feu établi au milieu de leur demeure; d'autres encore nettoyaient le devant de leur case. Les plus pauvres cabanes de nos paysans, quoi qu'en disent les partisans de l'esclavage, ne sauraient donner idée d'une telle misère. Les cabanes de nos paysans sont sales, tristes, enfumées, horribles, j'en conviens, et pour moi je les voudrais plus belles et plus confortables, mais du moins il y a quelque chose qui annonce des habitudes de possession; ici, règne un dénûment inconcevable : une natte, quelques vases d'argile, et c'est tout; la terre nue, humide, sert de parquet, quelques feuilles entrelacées recouvrent ce misérable réduit.

Je fus visiter le moulin pour la préparation du manioc. L'usine fonctionnait, quoiqu'il fût dimanche. Ces pieux Portugais, pour que les pauvres esclaves ne perdent pas l'habitude du travail, les font travailler ce jour-là jusqu'à midi. Je vis là une malheureuse négresse, les reins ceints d'une chaîne en fer, dont l'extrémité s'adaptait à une cravate du même métal, qui lui serrait le cou... Elle était accusée d'avoir voulu s'enfuir de l'habitation.

En sortant de cette espèce de moulin, où je vis plusieurs détails de manutention intéressants, je trouvai le seigneur administrateur, qui daignait appliquer lui-même quelques coups de *chicote* à une esclave. C'était une femme vieille et défaite; son corps était incliné, et l'homme continuait à frapper, pendant qu'un chien léchait les joues flétries de la pauvre créature. Alors je ne connaissais pas une coutume brésilienne qui permet à tout individu témoin d'un supplice infligé à un esclave de s'interposer pour le faire suspendre et d'exiger sa grâce. User de son droit s'appelle *apadrinhar*, prendre sous sa protection un esclave. Ignorant le pouvoir dont je disposais, je m'éloignai de ce spectacle affligeant, contristé en songeant que de pareilles atrocités existaient encore de nos jours.

C'est alors qu'on vint m'inviter, de la part de l'aumônier, à assister à la messe qu'il allait célébrer dans l'église de la fazenda, église coquette, gracieuse, surchargée d'ornements, témoignages de la piété, du zèle catholique de ces bons et de ces religieux Brésiliens, et de l'esprit mondain des bons pères jésuites qui en avaient été les fondateurs. De tous les environs, étaient accourus des nègres, des mulâtresses, population diversement nuancée et tenant rigoureusement leur rang à l'église.

A cause de notre noblesse épidermique, on nous avait logés dans une tribune réservée ; le *senhor administrador* était aussi, lui, le digne homme, dans une loge couverte, avec ses employés blancs; des dames mulâtresses, de la teinte acajou, étaient sur le devant de l'autel, assises sur des chaises; derrière elles se trouvaient des dames chocolat; quant aux viles négresses, elles étaient agenouillées à terre, bien loin derrière. Les dames étaient parées comme des châsses; à leurs doigts scintillaient d'énormes diamants, qu'elles mettaient complaisamment en évidence; quant à leur toilette, elle remontait certainement à l'époque de l'entrée du roi Jean à Rio. Cependant, comme il faut rendre à chacun ce qui lui revient, je dois dire que ces dames avaient une tournure très gauche et très matérielle; leurs gros doigts épais portaient fort mal ces magnifiques brillants.

Lorsque le prêtre monta à l'autel, toutes les négresses poussèrent en chœur une espèce de glapissement plaintif. Ce fut probablement l'impression qu'avait produite sur moi la scène de violence dont j'avais été le témoin, qui fit que je trouvai dans ces cris, qu'on qualifiait de chants, des larmes et des reproches !... Quoi qu'il en soit, des nègres peuvent-ils, en réalité, prier le Dieu des chrétiens, ce dieu qui a proclamé, par ironie sans doute, que tous les hommes sont frères, et dont les enfants privilégiés sont leurs plus affreux persécuteurs; car, on ne saurait le nier, l'esclavage est d'autant plus odieux, qu'il est exercé par les nations chrétiennes, et surtout par celles qui ont les plus grandes prétentions à l'orthodoxie !

Chez les musulmans et les boudhistes chinois, l'esclave n'est qu'un membre de la famille; il ne souffre ni humiliation, ni supplice; chez les nations protestantes, leur sort est supportable; il empire à Bourbon, et surtout aux Antilles; chez les religieux espagnols de la Havane, et chez les bigots portugais, il es affreux! Le maintien de l'esclavage dans les colonies catholiques, est, pour cette communion, un éternel sujet de honte, avec d'autant plus de raison, que les prêtres de ces colonies sont les plus fougueux soutiens de cet indigne abus.

La messe se termina d'une manière assez décente ; mais, après le saint sacrifice, il se passa une scène d'une inconvenance telle, que j'ai peine à l'écrire, la voici : On amena dans l'église une quarantaine d'esclaves, qui, malgré le droit de visite, avaient été depuis peu débarqués sur le sol brésilien ; c'étaient des jeunes garçons et des jeunes filles de dix à vingt ans, à la physionomie sauvage et hébétée. On les divisa en deux groupes séparés, d'après les sexes. Un nègre et une négresse accompagnaient chacun de ces pauvres enfants, à qui on nous annonça qu'on allait conférer le baptême, et qui, dans l'ignorance de ce qui devait se passer, semblaient redouter la cérémonie d'initiation au christianisme.

Le prêtre, une liste à la main, s'approcha d'abord de chaque néophyte, pour lequel le parrain répondait aux questions qui lui étaient faites; il procéda ensuite à l'administration du sacrement.

Nous ne pouvions guère présumer que cet acte dût être, pour l'officiant, le sujet d'une plaisanterie triviale; pourtant, il en fut ainsi ; au lieu d'imposer sur les lèvres de ces malheureux un morceau de sel, suivant l'usage, il leur en ingéra une pincée dans la bouche, ce qui donnait lieu à des grimaces et des contorsions qui égayaient singulièrement le saint personnage; chacun de ces enfants semblait éprouver la même répugnance que le Vendredi de Robinson, pour ce condiment inconnu ; et le bon père se tenait les côtes à chaque mouvement de répulsion que l'impression désagréable leur causait. Lorsqu'il leur versa l'eau sainte sur la tête, ce fut pis encore : il leur administra à chacun une véritable douche, avec des élans de gaîté dignes de cette cérémonie bouffonne; et c'est ce qu'on appelle, au Brésil, faire des chrétiens! car, il faut le dire, cette cérémonie n'avait été précédée, et ne fut suivie, d'aucune instruction; le padrinho, pauvre nègre, qui n'avait pas été mieux instruit que ces enfants, était seul chargé du soin de leur direction religieuse. Un prêtre brésilien instruire des nègres! fi donc, un senhor de cette qualité ne pouvait descendre à cet excès d'humilité!

Je me souviens qu'en discutant sur les inconvénients de l'esclavage, quelques personnes de l'ambassade n'hésitaient pas à soutenir que les nègres n'achetaient pas trop chèrement, par les souffrances de leur position, l'unique bonheur de devenir chrétiens! mais la cérémonie dont ils furent témoins à la fazenda du collége, les renseignements qu'ils prirent sur l'éducation religieuse des nègres, leur enleva à cet égard toute leur illusion, et les ramena à des idées plus rationnelles et plus humaines.

Pendant la cérémonie, nous nous étions aperçus que tous ces malheureux portaient, sous la clavicule gauche, une plaie saignante ou en voie de guérison. Curieux de connaître la cause de ce signe uniforme, nous nous en informâmes auprès du padre lui-même; le cher homme nous avoua ingénuement que c'était une marque qui leur était apposée avec un fer rouge sur les lieux où on les achetait; et cette marque portait l'empreinte des initiales du navire négrier, et celles du maître pour le compte duquel ils étaient acquis sur les lieux!...

Navrés de tout ce que nous venions de voir, nous sortîmes de l'église et nous trouvâmes, dans la salle à manger de la fazenda, le *padre*, homme élégant, et d'un embonpoint de chanoine, qui se plaignit vivement à nous des fatigues de sa position, de l'ennui qu'il y avait d'être si longtemps en contact avec des bêtes puantes, et qui nous déclara que, pour lui, il ne s'occupait plus de leur sort dès qu'il avait fermé les portes de l'église derrière eux.

— Mais ne cherchez-vous pas à leur faire quelques instructions de temps à autre? lui demanda quelqu'un, avec le sentiment d'une croyance blessée.

— J'aimerais mieux instruire, nous répondit-il, les porcs de la fazenda (*sic*).

Nous partîmes dans l'après-midi pour nous rendre au port d'Ascache; le chemin que nous suivons est, comme celui de la veille, insalubre et marécageux; des marais boueux le bordent dans toute sa longueur, et on ne saurait s'en écarter sans crainte de s'enfoncer dans une vase infecte, qui est recouverte de joncs et de beaux papyrus.

Le vent fait incliner la tige lisse et droite de cette belle plante, et sa chevelure légère obéit au caprice de l'air agité, d'innombrables troupes d'oiseaux aquatiques, cachés dans ces touffes vertes, se montrent à notre approche, et ne paraissent nullement effrayés de notre présence; ce sont, pour la plupart, des échassiers et des palmipèdes parés de jolies couleurs. Nous apercevons, par intervalles, de grandes traces qui dénoncent le passage en ce lieu de quelque grande espèce animale; notre guide nous assure que ce sont des caïmans qui peuplent ces parages, et qu'ils y sont en si grand nombre, qu'il n'est pas difficile d'en apercevoir avec un peu d'attention. Nous ne découvrons aucun de ces animaux, mais nous voyons, à quelque distance, trembler les pointes des herbes, et leurs tiges s'incliner sur une grande étendue, ce qui nous fait juger que nous ne sommes pas très éloignés de ces terribles reptiles.

Nous traversons à gué un bras très large, mais peu profond, du Macacou avant d'arriver au village qui porte ce nom. Nous trouvons ce village littéralement désert; les fièvres pernicieuses qui sévissent dans ce temps de l'année avec une intensité violente, ont mis toute la population en fuite. Les maisons ont une apparence assez belle; nous passons sur une place fort régulière, sur laquelle est établie une potence à quatre crochets. C'est un crochet de plus qu'il ne faudrait pour y suspendre ce qui reste d'habitants dans ce pays. A propos de potence, je veux parler de la manière d'élire le bourreau dans ces contrées. Lorsqu'on condamne un individu à la peine de mort, on le condamne également à vivre jusqu'à ce qu'il ait pendu deux, trois, quatre, cinq individus, suivant son crime; de sorte que le pauvre malheureux, après sa condamnation, prend forcément le plus vif intérêt à la moralité de la contrée, et fait les vœux les plus sincères pour que les hommes deviennent meilleurs et les juges plus indulgents.

Nous arrivons au port d'Ascache à huit heures du soir, au moment où un orage éclate avec violence, et nous entrons dans ce pays au milieu de la foudre et des éclairs. Le port d'Ascache est une très petite ville, bâtie sur une petite éminence; le Macacou passe sous les murs, et son eau infecte n'est pas pour ce pays une cause de salubrité. Le lendemain, à neuf heures, nous arrivons à San-Paio, deux heures avant le départ du bateau à vapeur qui descend le Macacou et se rend à Rio. San-Paio ne se compose que de quelques misérables cahutes renfermant de grandes quantités de marchandises. C'est là où l'on vient se pourvoir, de l'intérieur, de beaucoup d'objets nécessaires à l'exploitation des fazendas; c'est un point central, et d'une importance réelle. Son importance explique l'insistance que mettent les habitants à l'occuper malgré son insalubrité; car on a pourtant été forcé, à diverses époques, de l'abandonner pendant plusieurs années, mais on y est revenu ensuite, espérant toujours que les causes qui l'ont fait abandonner auront disparu; comme si la Providence se chargeait elle-même de l'assainissement des lieux que l'homme doit s'approprier par sa persévérance et conquérir par son travail! Aussi, comme l'incurie brésilienne n'attaquera pas les causes pestilentielles de cette localité, il est probable qu'au premier moment, ce pays deviendra de nouveau désert, jusqu'à ce qu'on ait oublié les victimes de cette localité, et que d'autres viennent s'offrir à son influence délétère.

A notre arrivée, les bords de la rivière et les avenues qui y conduisent, sont remplis de nègres, portant sur leur tête des corbeilles de fruits et de légumes qu'on expédie pour Rio, et de voyageurs qui se hâtent d'arriver avant que les roues du bateau ne s'ébranlent. Il est assez curieux, sur cette rivière bordée de grands arbres entourés de lianes, qui coule au milieu de terres sans culture dans un lieu où une exploitation, à peine à l'état d'enfance, représente une société naissante, de voir fonctionner un excellent bateau à vapeur, ce produit de nos grandes civilisations, qui ont passé par les phases des sociétés inférieures, et qui sont parvenues à leur apogée. Cette participation des sociétés nouvelles aux biens que les sociétés anciennes sont parvenues à conquérir par leur travail, témoigne en faveur de cette solidarité qui existe entre les membres des grandes familles humaines, quels que soient leur âge et leur couleur.

Nous nous installons sur les bancs du bateau, au milieu des fazendeiros, des noirs, des mulâtres et des Portugais couleur de bistre, qui ont pris passage en même temps que nous, et nous descendons paisiblement ce fleuve, chacun livré à ses réflexions ou à sa contemplation muette : enfin, nous rentrons, huit heures après notre départ de San-Paio, dans la belle rade de Rio.

X.

Dernière journée à Rio-Janeiro.

A notre retour à Rio, nous trouvons la ville transformée en champ de bataille : les rues, les places publiques, les maisons même sont le théâtre de mille scènes de violence ; on s'attaque avec fureur, on se défend avec acharnement ; on entend des chants de victoire et des cris de détresse ; nous assistons au sac d'une ville prise d'assaut. Qu'on se rassure toutefois, les projectiles qu'on lance dans ces luttes n'ont rien de bien meurtrier ; ce sont des boules en cire diversement coloriées, affectant la forme d'un œuf et remplies d'une liqueur odorante, et les blessures qu'on donne ou qu'on reçoit n'excitent que l'hilarité et le contentement. Si on veut savoir quelle est la cause de cette agitation, on n'a qu'à consulter l'almanach de l'an de grâce 1844, et on verra que le 19 février de cette année était le mardi-gras, jour des réjouissances les plus excentriques, des joies les plus folles, des plaisirs les plus bruyants. En France, on célèbre le carnaval en dansant, en s'agitant convulsivement ; le peuple le termine en brûlant un mannequin et en sautant autour ; mais au Brésil on ne saurait exprimer la joie de la même manière, et sous ce ciel incendiaire, où il serait téméraire de jouer avec le feu, on s'est emparé de l'eau. Comme témoignage d'un plaisir très vif, on inonde ses amis, on noie sa maîtresse dans des flots parfumés, et on ne s'est réellement beaucoup amusé que lorsqu'on s'est imprégné d'eau depuis deux heures de l'après-midi jusqu'au soir, pendant les deux derniers jours de carnaval. Il serait absurde de blâmer cet usage, qui contrarie beaucoup les habitudes pacifiques de quelques personnes, et auquel on ne peut se soustraire, car les diverses manifestations de la joie et du contentement ont quelque chose de si spécial d'un peuple à l'autre, qu'on ne peut pas toujours les juger impartialement, et cela est si vrai que j'ai vu quelques personnes s'exaspérer à l'idée de recevoir quelques gouttes d'une eau limpide et agréablement parfumée sur leurs vêtements, qui, à cette dégoûtante cérémonie qu'on appelle le baptême de la ligne, s'étaient montrées les plus ardentes à se servir de projectiles qui n'étaient pas fort agréablement odorants.

Le mercredi des cendres, les combats cessèrent; on courut aux églises, et l'après-midi, une longue procession qui parcourut la ville fit succéder à la joie brillante de la veille une curiosité grave, un empressement respectueux, très remarquable chez les Brésiliens et les noirs. J'ai vu des processions dans presque toutes les villes du midi de la France ; j'étais donc préparé à toutes les excentricités religieuses que le génie portugais pouvait inventer. Je m'attendais à voir des congrégations de toutes les espèces, des pénitents de toutes les couleurs, des saints de toutes les tailles portés sur les épaules robustes des nègres; mais je n'avais pas tout prévu. Il m'eût été difficile de supposer que la plupart des saints dont je savais l'histoire, eussent, depuis leur entrée en paradis, acquis autant de distinction dans leurs manières et qu'ils prissent autant de soin de leur toilette. La plupart étaient frisés et poudrés, et portaient la brette et des talons rouges ni plus ni moins que des Lauzun ou des Richelieu. Tous se faisaient remarquer par une politesse du meilleur goût. Je regardais défiler le cortége avec la foule qui stationnait devant le palais de l'empereur. Sa majesté brésilienne occupait avec l'impératrice la principale fenêtre du château; la princesse Januaria était à la fenêtre de gauche. Lorsque le premier saint arriva devant leurs majestés, il s'arrêta, sa tête s'inclina avec respect; enfin il les salua avec autant d'humilité que pouvaient le lui permettre ses articulations anchylosées. Je crus avoir mal vu; mais le second détruisit mes doutes, d'autant mieux que j'entendis à mes côtés les murmures d'admiration de quelques négresses qui prenaient certainement la chose au sérieux. Chacun des saints qui suivit les deux premiers répéta avec une régularité parfaite ce mouvement automatique, et plus de quarante acteurs vinrent rendre hommage à la puissance impériale..

Arriva enfin la grande figure du Christ; lui aussi inclina mélancoliquement sa tête devant les jeunes princes, tandis que la jeune impératrice souriait à travers sa gravité de commande devant un aussi étrange spectacle. Après ce dernier trait qui venait de clore la cérémonie, je me retirai en songeant aux destinées d'un empire dont les institutions sont au niveau des gouvernements les plus libéraux et dont les traditions les plus respectées remontent au temps d'une crédulité barbare! Je songeai à cette agglomération d'hommes qui se compose des éléments les plus dissemblables pour constituer une nation, et qui n'a pas de peuple, fils du sol, attaché au sol, ce principe de toute nationalité !

Ces pensées me ramenèrent au temps où la marine portugaise fit la découverte de cette terre féconde du Brésil. Alors cette monarchie dominait l'Inde, ses flottes s'associaient à tous les grands événements maritimes de cette époque, et elle aurait eu la puissance de fonder le plus vaste des empires. Un de ses hommes d'Etat, dont les prévisions sont en dehors de la compréhension du vulgaire, n'avait pas attendu que les événements qui suivirent la révolution française eussent forcé la maison de Bragance à chercher un asile sur son immense possession, pour préparer la translation de la royauté sur les bords de l'Amazone, ce géant des fleuves, en faisant construire dans ces lieux éloignés des monuments plus imposants que ceux de Rio, et destinés à orner et à protéger la future demeure des rois. Mais une conception aussi vaste ne devait jamais se réaliser, et au lieu du vaste empire qui eût dominé l'Amérique, surveillé l'Inde, et dont la mère-patrie n'eût plus été qu'une insignifiante possession, il ne resta en Europe qu'une royauté réduite aux faibles proportions d'une puissance de second ordre; en Amérique, qu'un enfant étiolé qui, séparé du sein maternel, a toutes les qualités et tous les défauts de ces enfants précoces à qui on accorde trop tôt les libertés et les priviléges de l'âge viril. Il suffit, en effet, de voir, même en passant, cette terre pour être bien convaincu que les institutions libérales qu'elle possède ne sont point en rapport avec le développement intellectuel de ses habitants d'origine portugaise. Il existe dans les esprits, peu faits aux mœurs constitutionnelles, des croyances, des préjugés, qui sont en contradiction avec ces mœurs. Et si le Brésil conserve son unité, s'il n'a pas suivi l'exemple que lui a donné l'Amérique du sud, il le doit à ses préjugés mêmes d'abord, ensuite à cet instinct d'imitation qui caractérise les peuples enfants. Il s'est modelé sur la conduite de la France; il a suivi les inspirations que lui donnaient deux de nos compatriotes qui dirigent la presse sérieuse de Rio, avec un talent remarquable et une impartialité digne des plus grands éloges.

Le gouvernement est on ne peut mieux disposé à accueillir les émigrants; déjà il a fait des sacrifices qui garantissent ses bonnes dispositions. Lorsqu'un de nos jeunes compatriotes, le docteur Mure, arriva à Rio avec sa petite armée de colons, voulant réaliser sur cette terre vierge les théories phalanstériennes, il fut accueilli avec transport; on lui accorda une vaste étendue de terrain; la chambre vota en faveur de son œuvre une somme de 200,000 fr. Malheureusement les théories promettent plus qu'elles ne donnent pratiquement, et les 200,000 fr., joints à la fortune personnelle du docteur Mure, furent complètemnt absorbés sans résultat; mais on pouvait prévoir l'avortement de l'idée généreuse du chef de l'expédition en examinant le personnel dont il s'était entouré. Sur deux cents travailleurs, on comptait je ne sais combien d'accordeurs de pianos, huit ou dix poëtes humanitaires, six dessinateurs, et au moins douze maîtres de danse!

Or, lorsqu'il fallut payer de sa personne, ces messieurs comprirent que mieux valait encore exercer leurs professions au milieu de cette jeune civilisation que de couper passionnellement du bois et de scier attractivement des planches au sahi. Toutefois, lorsque la troupe indisciplinable des *artistes* se fut séparée de l'élément laborieux, le peu de colons qui restaient se divisèrent en groupes et se mirent courageusement à l'ouvrage, et on peut dire qu'en ce moment il existe un petit groupe phalanstérien au Brésil, qui vit de sa vie propre, et dont M. Mure est le chef et l'ardent soutien. Cet essai se perpétuera-t-il? est-il dans ses destinées de réaliser dans un temps certainement fort éloigné toutes les promesses du maître?

Il n'existe au Brésil aucune industrie; le sucre cristallisé qu'on y consomme vient d'Europe, tous les tissus proviennent de France ou d'Angleterre, les plats même qu'on sert dans les restaurants sont pour la plupart confectionnés à Marseille ou à Nantes! On ne vit jamais un autre pays dans de semblables conditions d'existence! C'est vainement que certains économistes lui ont conseillé de s'affranchir d'une partie des tributs qu'il paie à l'étranger, le bon sens public n'a pas tenu compte de leurs avertissements, et, pensant que, s'il pouvait se soustraire aux exigences de l'industrie étrangère, elle pourrait à son tour négliger ses cafés, il a continué à cultiver exclusivement ce qu'il peut produire au plus bas prix et en énormes quantités.

Je passai les derniers temps de mon séjour à Rio à voir les amis improvisés que j'y avais faits et ceux qui, avant mon arrivée dans ce pays, avaient déjà des droits à mon affection. Mais la veille de mon départ, je voulus faire seul mes adieux à ce beau pays, qui avait réveillé en moi des sentiments que je croyais éteints, un zèle enthousiaste devant les beautés de la nature et une activité saine et vigoureuse qui sommeillait depuis bien longtemps. A cet effet, je m'acheminai vers une chapelle, desservie par des moines, qui est bâtie sur le lieu où fut déposée la pierre monumentale que plantèrent les premiers navigateurs qui abordèrent à Rio, et qui en prirent possession au nom du roi de Portugal. Ce respectable monument du passé, le seul monument que possède Rio, est là délaissé comme une pierre vulgaire, sans qu'aucune enceinte circulaire vous avertisse de sa présence. Si quelque main profane le mutilait un jour, nul ne s'informerait, nul ne saurait peut-être qu'un pareil sacrilége eût été consommé. Cet abandon est-il le résultat de l'ignorance, de l'incurie brésilienne ou d'un froid dédain pour le passé? Je m'accoudai sur ce vénérable morceau de granit, dont une des faces est ciselée aux armes du Portugal, et de ce point qui domine la ville et la baie, je jetai un regard sur ce pays que j'allais quitter. La lune qui rayonnait des feux d'un soleil levant, teignait tous les objets d'une teinte claire et blanche, on apercevait, au milieu de la rade, la *Sirène* et la *Victorieuse* dans le repos le plus absolu et semblant reprendre haleine après leur longue course.

La ville était muette ; au tumulte, à l'agitation, avait succédé un calme parfait, car la population noire, ne pouvant plus sortir après certaines heures, est contrainte de respirer la brise rafraîchissante du soir, assise devant la porte des habitations, où la surveille l'œil méfiant du maître.

En contemplant ce spectacle, je me demandais par quelle fatalité la race éthiopienne était, depuis une suite effrayante de siècles, condamnée à la servitude, et jusqu'à quel temps devait se perpétuer l'état d'abjection dans lequel elle vivait. Avant d'avoir parcouru le Brésil, j'avais cru à l'infériorité native des hommes de cette race et tout me paraissait expliqué par cette cause ; mais, depuis que j'avais vu ces êtres malheureux, que j'avais pu me convaincre que leur aptitude n'est pas inférieure à l'intelligence que déploient les natures incultes de nos contrées, cet explication n'avait plus pour moi de valeur, et j'étais obligé de chercher dans une autre ordre d'idées la raison de leur humiliation.

Pendant que je rêvais à l'avenir qui doit leur être réservé dans les desseins providentiels, je vis venir vers moi un vieux moine, que j'avais souvent rencontré chez le docteur Mure, et qui était des plus fervents et des plus inexorables champions de la traite et de l'esclavage.

Le père, répondant à une interpellation que je lui adressai, vint s'asseoir auprès de moi.

— Savez-vous, lui dis-je, que si les souffrances des damnés pouvaient commencer sur cette terre, je croirais que le Brésil est une succursale de l'enfer, car, je ne puis comprendre qu'une partie de l'humanité puisse ainsi servir de marche-pied à l'autre. Peut-être me réprondrez-vous, avec votre logique catholique, que c'est en suite d'un crime passé, que cette pauvre population se tord dans les souffrances, mais alors que devient la rédemption et les promesses qui furent attachées à ce grand sacrifice ?

Le père secoua dédaigneusement la tête à ma demande, et prononça la longue improvisation que je vais transcrire, avec une véhémence qui plus d'une fois me fit frémir :

— Vous me demandez ces choses, parce que vous êtes un insensé, parce que vous n'avez aucune croyance, parce que vous avez abandonné la foi de vos pères, sans avoir réfléchi, sans avoir comparé sa majesté imposante, son unité, et la divergence des systèmes qui vous poursuivent et qui vous égarent dans un dédale d'où vous ne pouvez sortir. Vous, Français railleur et sceptique, inclinez-vous devant la raison qui vous parle, et écoutez-moi !

Lorsque l'humanité se résumait dans deux êtres, une expiation et une victime furent promises pour racheter leurs crimes, qui pesèrent sur l'humanité entière; mais, lorsque les sociétés nombreuses et disseminées se sont partiellement soulevées contre la barrière intellectuelle que Dieu leur avait défendu de franchir, il a frappé les coupables, sans assumer sur l'espèce la responsabilité du crime des individus; c'est ainsi que des villes ont péri, c'est ainsi que ce globe inondé n'a offert une terre ferme qu'au pied du juste qu'il voulait sauver. Malgré ces terribles châtiments et ces drames effrayants, où les souffrances furent indicibles, il y eut bien des révoltés encore, et, comme chez les précédents, ceux qui descendirent des révoltés durent porter la peine des méfaits de leurs pères! N'entendez-vous donc pas ce formidable anathème qui retentit encore dans le monde et dont chaque plainte du nègre est un écho : *maledictus Chanaan servus serviens erit fratribus suis.* Eh bien! c'est ce formidable anathème qui pèse encore sur sa race, et qui s'appesantira peut-être encore sur elle jusqu'à la consommation des temps...

Vous vous récrierez sans doute, vous vous direz : mais qu'était ce crime en comparaison de la souffrance qu'ils ont endurée depuis... Ce n'était rien en effet, d'outrager la majesté paternelle, de la tourner en dérision, de faire un objet de risée de ce qui représentait alors la majesté divine, parce que le sacerdoce n'existait pas; ce n'était rien de faire un thême d'obscénité de cette autorité sur laquelle repose la stabilité de la société, de l'ébranler dans sa base, lorsqu'elle était fondée à peine; eh bien! la malédiction fut prompte, et la punition instantanée. Les descendants du maudit ont souffert dans leur affection paternelle, comme l'outragé avait souffert dans la sienne; leurs enfants ont été traînés en esclavage, et ils sont morts en leur présence sous le bâton d'un maître étranger.

Et savez-vous, d'ailleurs, si c'est là ce qui constitue tout leur crime? savez-vous s'il ne serait pas téméraire de laisser agir volontairement, même au milieu de votre monde qui se croit si fort, ces êtres qui, ne vous y trompez pas, possèdent des secrets formidables, dont la révélation vous ferait frémir.

Riez, riez, vous qui êtes Français, membre peut-être d'une académie de province, moi je ne suis qu'un pauvre prêtre catholique, qui croit comme les bonnes femmes à la toute puissance et à la bonté de Dieu; mais qui croit également aux esprits rebelles, avec qui le méchant peut être en rapport, et je m'étonne que nous ayons autant de puissance sur cette race réprouvée. Vous ne connaissez pas ces êtres maudits, et ils ont trop d'intérêt à tromper ceux qui pensent comme vous pour que vous le sachiez jamais. Croyez-moi, ces gens, je vous le répète, ont d'horribles secrets! J'ai plus de soixante-dix ans d'âge, et cinquante ans de sacerdoce, mon front rayonne d'une double auréole, mes cheveux blancs et mon saint caractère; eh bien! croyez le vieillard et le prêtre, qui ne veulent pas vous tromper, et écoutez ce récit :

J'étais plus jeune que vous lorsque je parcourais, sous la conduite d'un nègre, les solitudes brésiliennes ; arrivé dans une forêt profonde, un léger dissentiment s'élève entre moi et mon guide. Je parlais impérieusemenl à cet homme ; je voulus lui imposer ma volonté ; mais lui, jusqu'alors si humble et si soumis, se lève de toute sa hauteur, me lance un regard de défi et me dit avec insolence : nous verrons bientôt qui demandera le plus tôt grâce du blanc ou de l'esclave ! à ces mots, il siffle d'une façon étrange, et alors je vis paraître, sur les branches des arbres, entre les arbustes, au dessus de la pointe verte des herbes, des milliers de hideux reptiles sifflants et irrités, qui venaient en rampant baiser les pieds du maître qui les avait appelés et qui leur rendit leurs hideuses caresses! Plus de trente ans se sont écoulés depuis ce jour, et pourtant ce spectacle est encore présent à ma pensée; il obsède mes jours et il trouble mes nuits! je restai immobile, je ne prononçai pas la moindre parole, ne fis ni prière, ni supplication, lorsque, sur un nouveau cri de mon conducteur, cette affreuse vision disparut comme elle était venue. Oh! je vous le dis, il y a un lien mystérieux entre ces êtres affreux, que toutes les mythologies représentent comme le symbole du mal, et la race maudite que vous plaignez!

Et de quel droit, d'ailleurs, voulez-vous les soustraire aux châtiments, à l'exploitation, d'après votre langage, que le blanc leur impose? Savez-vous si les châtiments ne constituent pas leur expiation? Savez-vous si ce ne sont pas ces douleurs incessantes, ces humiliations profondes, qui maintiennent leur âme dans un état d'abattement qui les empêche de faire le mal, ou dans un état d'exaltation qui les rend meilleurs?

Vous croyez connaître l'homme, parce que vous avez coupé des lambeaux de chair avec un scapel; mais vous n'avez pas sondé l'âme humaine. Si vous aviez vécu sous le cilice et dans les cloîtres, vous sauriez que rien ne s'obtient que par la douleur. Les souffrances du corps assainissent l'âme et lui permettent de s'élancer dans des régions qui ne sont accessibles qu'à ceux qui ont tué le premier sous les étreintes douloureuses. J'ai vu, entendez-vous, j'ai vu des nègres venir réclamer ces punitions corporelles auxquels vous voulez les arracher, et dire : Maître, cela va mal, j'ai envie de mal faire, faites moi battre aujourd'hui ; d'autres encore demandaient avec insistance qu'on les vendît parce qu'ils avaient envie de tuer autour d'eux! Et ces altérations morales s'observent chez ceux qui sont les favoris de maîtres trop indulgents! Oh! croyez-moi, cessez de vous apitoyer sur leur souffrance... pleurez, mais en secret, sur les rigueurs nécessaires qui les frappent; mais que leur sang coule incessamment sur la terre et abreuve la poussière qui en a soif!

Voulez-vous une dernière preuve de l'anathème qui les poursuit : voyez les nations qui ont eu le malheur de s'unir à eux, qui ont eu l'infamie d'introduire leurs femmes dans leur lit et de les associer à leurs débauches, car en aucun cas elles ne sauraient être les compagnes d'une existence honnête; comme la race anathématisée à laquelle elles se sont unies, un sang esclave coule dans leurs veines, et tôt ou tard elles subiront une humiliante suzeraineté! Déjà chacun s'immisce dans leurs affaires; chacun croit avoir le droit de leur inspirer leur politique; déjà, vous dis-je, elles sont esclaves comme l'était la mère hideuse qui leur donna son lait! Et voyez, la sainte majesté de l'homme s'efface de leur front, qui se rapetisse et s'efface; leurs membres grêles et arqués se rapprochent des formes animales, et leur instinct se déprave comme leur corps et leur intelligence! Adieu, puissiez-vous vous souvenir de mes paroles...

Là-dessus, le vieux prêtre s'éloigna; je restai anéanti sous ce langage passionné et véhément; je m'éloignai cependant de ce lieu, et fus transcrire cette bizarre conversation, qui clot tout ce que j'avais à raconter après un mois de séjour au Brésil.

J'oubliais de dire que le père..... avait les yeux bleus et qu'Esquirol nous a dit souvent que les individus aux yeux bleus étaient plus que d'autres prédisposés aux affections mentales.

DEUXIÈME PARTIE.

I.

La ville du Cap.

Nous partîmes de Rio-de-Janeiro le 25 février, l'esprit préoccupé de tout ce que nous avions vu pendant notre séjour au Brésil. Cette nature exubérante et parée, ces grands fleuves bordés d'arbres gigantesques, ces cascades bruyantes, les scènes de la vie à demi sauvage des habitants, se retraçaient à notre imagination; et, en suivant d'un regard distrait le sillage écumant de la *Sirène*, nous nous prenions à regretter la terre féconde que nous quittions. L'homme est ainsi fait, il se passionne pour ce qu'il connaît à peine, pour ce qu'il n'a fait qu'entrevoir; il est vrai qu'une expérience funeste lui permet rarement de regretter ce qu'il connaît mieux.

Le beau ciel de Rio sembla nous suivre pendant notre traversée de ce pays au cap de Bonne-Espérance. Des brises tièdes enflèrent constamment nos voiles; la mer, à peine ridée, s'ouvrait sans effort pour donner passage à notre belle frégate, dont l'allure tranquille et majestueuse était en harmonie avec le ciel qui scintillait sur nos têtes et la mer qui nous berçait sur son sein. Cependant, la veille de notre arrivée au Cap, une brume épaisse nous couvrit de ses voiles, les côtes africaines, qui commençaient à se montrer, disparurent, plusieurs bâtiments que nous apercevions auprès de nous devinrent invisibles, et les feux de la *Victorieuse* eux-mêmes s'éteignirent dans une obscurité profonde. La nuit devint tellement épaisse, que les deux bâtiments qui voguaient de conserve se virent forcés, chacun à son bord, de battre du tambour et de sonner les cloches, pour juger par le son de la distance qui les séparait, et pour prévenir ainsi une rencontre qui eût pu devenir funeste. Ordinairement, le silence qui règne la nuit à bord des navires n'est interrompu que par la voix de commandement de l'officier de quart, ou par les cris des sentinelles préposées à la garde du bâtiment; aussi ces bruits inaccoutumés et discordants ne laissaient-ils pas de nous impressionner d'une manière pénible. Toutefois, la nuit se passa sans accident, et le lendemain, lorsque le soleil se montra à l'horizon, nous aperçûmes la montagne de la Table, dont le plateau était encore couronné d'une vapeur légère et flottante, que la brise chassait devant elle.

La montagne de la Table a, dans sa configuration, quelque chose d'original, qui donne du relief et du caractère à la vue de ce cap accidenté; le dessinateur le moins habile peut donner de ce joli pays une esquisse qui n'aura rien de banal, rien de commun, et qui ne ressemblera pas, comme la plupart des vues de kepseake et d'albums, à tous les paysages du monde. C'est, comme son nom l'indique, un immense plateau de schistes régulièrement stratifiés; il repose sur deux gigantesques blocs de granit nommés la Tête et la Croupe du lion. Du point de la rade que nous vînmes occuper, nous apercevions parfaitement les couches horizontales de la montagne; son étendue a plusieurs lieues de tour, et le sommet du plateau a environ cinq cents pieds d'élévation; il est taillé à pic jusqu'à une hauteur d'environ deux cents pieds; ensuite, ses pentes s'adoucissent et s'abaissent insensiblement jusqu'à la mer.

C'est sur cette inclinaison qu'est bâtie la ville du Cap de Bonne-Espérance.

Vu à distance, le sol qui entoure la ville et qui borde le pied de la montagne a un aspect un peu aride; quelques bruyères éparses et peu élevées, quelques arbres aux formes grêles et bizarres, réunis en petits groupes, le couvrent à peine. Quel contraste avec la terre embaumée du Brésil! Au Brésil, toutes les parties osseuses des montagnes sont cachées sous la verdure et les fleurs; ici, une terre rouge sombre est à peine voilée par les feuilles légères des plantes qui s'aventurent à sa surface et qui semblent ne recevoir qu'une nourriture insuffisante. Cependant, les petites fleurs blanches, roses et jaunes de ces plantes souffreteuses ont un aspect si doux et si mélancolique, qu'on se prend tout de suite à les aimer, comme ces enfants étiolés dont le regard intelligent annonce la précocité.

Nous descendîmes à terre, dans un canot que dirigeaient deux Malais aux yeux obliques, au teint pâle et plombé, au nez presque aquilin, aux membres grêles, aux cheveux noirs et lisses, à la tête pyramidale, coiffée d'un chapeau pointu, dont les larges bords tombaient sur leurs épaules. La rade renfermait alors un assez grand nombre de bâtiments de commerce de diverses nations, une frégate anglaise et une frégate française, l'*Erigone*, qui revenait de Chine, et qui allait, pour rentrer en France, renouveler le sillon que nous avions tracé. Puisse-t-elle l'avoir parcouru avec le même bonheur que nous!

Les navires français qui se rendent à notre colonie de Bourbon ne relâchent que fort rarement au cap de Bonne-Espérance, et nos relations commerciales avec ce pays intéressant sont peu importantes. Pendant que nous nous rendions de notre bord à terre, notre attention était captivée par la vue d'un pays nouveau, et par le mouvement qui régnait dans la rade, où de grandes barques, portant des vivres et des marchandises, se croisaient en tous sens. Des myriades de pingouins voltigeaient autour de notre embarcation, tandis que les vieillards et les sages de ce petit peuple ailé, habitants nombreux et privilégiés de la rade, nous regardaient passer avec la plus complète indifférence, posés sur les morceaux de bois qui flottaient sur l'eau, sachant très bien que leur personne est inviolable et sacrée dans ce lieu de refuge, où ils vivent sous la protection des lois et des policemen. Le débarcadère de Cap-Town est une simple construction en bois, qui se prolonge assez avant dans la mer, pour favoriser le débarquement des marchandises, lorsqu'il y a beaucoup de houle, ce qui arrive assez fréquemment dans ces parages.

Que de fois j'avais surpris en moi le désir de poser le pied sur cette pointe de terre qui abrite les Hottentots et les Cafres; sur ce point privilégié pour les études naturelles en général, et spécialement pour les investigations anthropologiques, où toutes les espèces animales, où la végétation elle-même porte un cachet tout à fait original. Et si, en descendant sur cette terre pleine d'attraits pour moi, je ne me suis servi d'aucune exclamation latine pour exprimer mon ravissement, c'est qu'à vrai dire, je n'osai, par pudeur, saluer ce beau pays du nom qu'on lui donne dans la langue barbare des savants.

A peine foule-t-on cette terre hospitalière, qu'on est immédiatement frappé des soins minutieux qu'une administration prévoyante donne à son embellissement et à l'entretien de ses promenades et de ses rues. On se rend du débarcadère dans l'intérieur de la ville par des allées larges et bien sablées; les habitations qu'on rencontre annoncent l'aisance et le luxe. Les rues, bien pavées, sont ornées de grands et beaux magasins; de bonnes voitures, traînées par d'élégants chevaux, les parcourent; enfin, on retrouve dans ce pays une ville tout européenne, avec toutes ses ressources, tous ses moyens de satisfaire à ces mille besoins qu'enfante une civilisation raffinée. Ici, tout nous rappelle la France, tout nous rappelle l'ordre et la sécurité qui règnent dans notre pays, et nous en trouvons, comme chez nous, la personnification dans les graves *policemen*, dont nos sergents de ville sont une adroite contrefaçon. Certes, nous n'avions rien vu de semblable au milieu de la population déguenillée de Ténériffe, ni dans la confusion de Rio; au sein de cette jeune société, qui a tous les défauts inhérents à son âge... Nous avions vu la décrépitude d'une société abrutie par la misère et la débauche dans le premier de ces deux pays, dans le second, une activité désordonnée et fébrile. Ici, c'est la vie dans sa manifestation la plus normale, la vie laborieuse, grave, sensée, avec toutes les joies et la satisfaction que procure le développement des facultés bien employées.

Avant de visiter la jolie ville où nous venons de descendre, notre premier soin fut de chercher des logements, qu'on n'avait pu nous procurer, malgré les ordres que nous avions donnés. Le Cap est le rendez-vous des valétudinaires de l'Inde; c'est sous son ciel si pur que les riches nababs viennent oublier les ennuis d'une vieillesse prématurée, et réparer leur santé minée par les excès d'une vie trop orientale. Ordinairement, ces Crésus indiens arrivent au Cap avec une suite nombreuse; ils sont accompagnés de domestiques de race indoue, aux traits européens, au teint noir, aux cheveux longs et soyeux. Ces domestiques sont couverts d'un turban en mousseline et portent un large pantalon et une tunique flottante; leurs jambes sont ornées de bracelets et leurs orteils d'anneaux d'or, comme ceux des citoyennes du temps du Directoire. Rien n'est singulier comme de voir, dans de brillantes voitures, les figures parcheminées des maîtres, à côté des traits nobles et fortement caractérisés de leurs beaux conducteurs.

Grâce à ce concours d'étrangers, il est souvent fort difficile d'avoir des logements à Cap-Town, et, lors de notre arrivée, l'affluence des voyageurs était telle, que nous ne pûmes trouver place dans aucun hôtel, et que nous fûmes forcés de chercher dans des maisons particulières un abri jusqu'au jour de notre départ. Il existe au Cap une coutume assez singulière : certaines familles ont l'habitude de loger chez elles quelques étrangers, qui s'assoient à la table commune, et qui reçoivent, à des prix très modérés, une hospitalité tout à fait patriarcale. C'est dans une de ces maisons que nous fûmes accueillis, par mistress Heut...., sans empressement, mais avec une bienveillance sincère et de bon goût. Lorsqu'on sut qui nous étions, on nous admit dans l'intérieur de la famille, comme d'anciennes connaissances, qu'on est heureux de revoir. Cette excellente famille se composait de Mme H....., de trois jeunes personnes charmantes, et de deux petits garçons. Toutes les occupations relatives aux soins de la maison étaient distribuées d'après l'âge des membres qui la composaient.

Dès le second jour de notre arrivée, nous étions de la famille; les enfants grimpaient sur nos genoux avec le plus aimable sans-façon; nous jouissions enfin des charmes de la vie intime, qu'on apprécie d'autant plus en voyage, qu'ils rappellent la patrie et le passé. Chacun de nous gardera un long et doux souvenir de cette relâche au cap de Bonne-Espérance. C'est la plus délicieuse de toutes les compensations accordées au voyageur pour les fatigues et les ennuis qu'il endure, que d'accumuler dans sa pensée des souvenirs sans amertume, sans regret, et de pouvoir invoquer, pendant les heures d'oisiveté et de repos, de grâcieuses apparitions, qu'il ne trouvera plus sur le chemin de la vie.

La ville du Cap est certainement une des plus jolies villes que je connaisse. Les maisons sont généralement très basses, mais elles sont établies sur une large superficie de terrain et par conséquent aussi spacieuse que commode. L'architecture n'en est pas très sévère, mais elles portent une apparence de confort et de bonheur calme qui fait plaisir à voir. Toutes les rues sont tirées au cordeau; on a laissé assez d'espace entre les deux rangées de maisons qui les bordent pour établir une allée d'arbres entre chacune d'elles; aussi toutes les façades sont-elles abritées par des chênes et des ormeaux, nos compatriotes, ou par des plantes grimpantes des pays tropicaux. La place de la parade est une très belle promenade, qui affecte la forme d'un carré parfait; elle est plantée de chênes admirables et renferme dans le centre deux petits édifices fort convenables, dont l'un est la Bourse.

Les magasins du Cap sont certainement un des objets les plus curieux de ce pays. A côté de ce que l'industrie anglaise confectionne de plus délicat et de plus utile, on trouve les produits de l'Inde, de la Chine et des peuplades sauvages de l'Afrique. Les tissus légers et les bracelets qui parent une bayadère sont étalés à côté du petit soulier et du coffret mystérieux d'une Chinoise; le kepseake d'une lady auprès du collier en coquillage d'une négresse, ou du manteau en peau de tigre d'un roi cafre; le nécessaire d'un gentleman est en face de la pipe grossière d'un Hottentot, et les poteries de l'Inde s'étalent pêle-mêle avec les porcelaines du Japon, de la Chine et de l'Angleterre.

Lorsqu'on parcourt les rues du Cap, on est étonné de la multiplicité de temples qu'on y rencontre. Ce sont des églises de presbytériens, d'anglicans, de wesléiens, de luthériens, de catholiques, et même des mosquées! Il est peu de villes où les diverses confessions chrétiennes se fassent une concurrence plus active; comme en définitive le gouvernement du Cap les protége toutes également, elles vivent extérieurement dans la plus parfaite intelligence, se contentant de s'anathématiser mutuellement dans leurs temples. Si on demande quelle est en définitive l'action de ces diverses sectes, nous dirons qu'elles entretiennent au plus haut point le sentiment religieux et l'observation des devoirs que les croyances imposent. Chacun, dans la sphère qu'il peut parcourir, agit dans l'intérêt de sa croyance; mais l'humanité y trouve son compte.

On ne saurait s'empêcher, en venant du Brésil au Cap, d'établir un parallèle, qui est tout à l'avantage du dernier de ces deux pays, entre les mœurs dissolues des habitants de l'Amérique méridionale, qui a conservé l'esclavage, et celles qui honorent cette terre libre, où les doctrines chrétiennes sont mises en pratique. Il n'existe pas au Cap de ces maisons de réunion qui favorisent le désœuvrement et la paresse, et où la curiosité ne s'alimente que de médisances scandaleuses et de mensonges colportés par l'envie ou par la sottise. Un club, où l'on reçoit presque tous les journaux du monde, est le seul lieu où, à certaines heures, on rencontre des hommes sérieux, qui viennent prendre connaissance des événements importants. Le Cap compte environ vingt mille habitants agglomérés dans la ville; ce sont pour la plupart des Hollandais, des Anglais, des Allemands, des Malais et des nègres hottentots, cafres ou mozambiques.

Il y avait jadis un théâtre à Cap-Town; mais, sur la demande de diverses sectes chrétiennes, le local a été consacré à une école primaire gratuite; cette école est indistinctement fréquentée par des enfants de toutes les croyances, qui y reçoivent une instruction en rapport avec le milieu social dans lequel ils doivent vivre.

J'ai dit qu'on vivait surtout, au Cap, de la vie de famille; aussi les relations portent-elles un cachet de la pureté native, qui nous charmait. Un jeune homme peut fréquenter assidûment les bonnes maisons hollandaises, les graves maisons anglaises, peuplées de jeunes personnes et exprimer publiquement sa préférence pour l'une d'elles, sans que personne y trouve à redire, et sans que les parents s'en alarment, et il est à peu près sans exemple qu'on ait eu à se repentir de cette confiance accordée à la loyauté et à l'honneur. Je rencontrais fréquemment dans une maison un joli couple, dont on me raconta l'histoire. Je la transcris très brièvement, car elle servira à faire comprendre jusqu'où s'étend la confiance mutuelle que peuvent s'inspirer deux jeunes gens qui se sont aimés sans entraves, et qui ont compté sur eux seuls pour établir leur position.

Ceux-ci étaient pauvres l'un et l'autre à l'époque de leur union, qui avait été ajournée d'un consentement mutuel, jusqu'à ce que le prétendu eût, par son travail, assuré l'existence du futur ménage. Cet heureux moment arrivé, on arrêta le jour et l'heure du mariage. Les parents de la future furent d'autant plus exacts au rendez-vous, que ceux de l'autre partie contractante n'habitaient pas Cap-Town, et n'y venaient que pour assister à la cérémonie: mais l'heure assignée passe, et le futur ne se présente pas; deux, trois, quatre heures s'écoulent sans qu'aucun message vienne donner l'explication d'une conduite aussi étrange. On s'étonne avec quelque raison, lorsqu'on apprend que le jeune homme est parti précipitamment dans la matinée, sans dire à qui que ce soit la cause et le but de son voyage. La jeune fiancée fait ses excuses à la société rassemblée à son intention, disant que la cérémonie n'est cependant que remise, sans témoigner ni crainte ni embarras, et annonçant qu'elle va déposer ses habits de mariée; mais, au même moment, arrive le jeune homme, qui explique le plus naturellement du monde qu'on est venu, dès le matin, lui proposer une affaire commerciale qui lui permettra de réaliser plus de trois cents livres sterling de bénéfice, et qu'il est parti immédiatement, pour ne pas éveiller la convoitise de ses concurrents, bien persuadé qu'on lui pardonnerait, en faveur de la cause, quelques instants de retard. Songer à une affaire d'argent lorsqu'on touche au terme du bonheur! Quel crime abominable!... Mais, dans ce pays-ci, l'éducation est telle, qu'on apprend de bonne heure à se former une idée juste de la vie avec toutes ses nécessités.

La liberté civile et la liberté religieuse se sont unies pour faire disparaître du Cap l'esclavage. Quel que soit le vêtement dont un homme est couvert, quelle que soit la couleur de sa peau, on sait qu'il est dans le libre exercice de ses facultés et de ses droits, et c'est peut-être le seul pays de la terre qui, pour la gestion de ses affaires municipales, appelle dans son corps électoral des blancs originaires de tous les pays du monde, des noirs de toutes les races, Hottentots, Mozambiques, et même des Malais musulmans.

Ces derniers sont surtout en grand nombre au Cap, où ils font preuve d'intelligence et d'une activité merveilleuse. Un matin, par une fraîcheur charmante, nous errions, M. de Ferrière et moi, aux environs de la ville, lorsque nous pénétrâmes dans un jardin situé sur le versant d'une colline qui borde la mer; de grands aloës qui entourent ce terrain avaient dérobé à nos regards mille petites constructions gracieuses, qui se cachaient sous les plantes et les arbustes en fleurs. En les considérant de plus près, nous vîmes que ces petits monuments portaient sur leurs parties apparentes des caractères arabes. Un jeune Malais, qui passait sur le même sentier que nous, vint nous avertir que nous étions dans le cimetière des Malais musulmans et que c'était sous ces touffes charmantes de bruyères, de géraniums et de roses, qu'ils venaient ensevelir leurs morts. Nous fîmes le tour de ces oasis silencieuses, car on ne saurait nommer autrement ce joli tertre

de rhinocéros, avec autant d'indifférence que si c'était du bœuf ou du mouton.

Malgré mon goût prononcé pour ces excentricités culinaires, je fus obligé de m'en tenir aux œufs d'autruche, au filet d'hippopotame et à ces petites tortues de terre qu'on trouve courant au milieu des bruyères, où elles se nourrissent de fleurs odoriférantes, et qui sont excellentes cuites au four, emprisonnées dans leur carapace.

La Paarle, après les blocs de granit, ne renferme plus rien qui vaille la peine d'être examiné avec intérêt; le vin que son sol produit est un vin fort ordinaire. En voulant imiter le constance, on a inventé une liqueur noire et épaisse, qui ressemble à un mélange médicinal.

Nos chevaux sont harassés par les longues courses que nous avons faites. On nous procure un nouveau char qui appartient à un pauvre diable que l'on appelle Mornay-Duplessis, c'est-à-dire à un homme qui porte un des plus beaux noms de France et que nous trouvons à la Paarle, pauvre et inconnu. Mais il n'est pas le seul à porter un nom qui nous rappelle la patrie; car, arrivés à Franc-Hoeck, on nous montre les habitations de Malherbe, de Hugo, de Rousseau et de bien d'autres encore!... Ce sont les descendants de nos compatriotes protestants, que Mme de Maintenon et le père Letellier chassèrent de France par la révocation de l'édit de Nantes, qui se réfugièrent d'abord en Hollande, et qui vinrent ensuite au Cap fonder des établissements.

Leurs coreligionnaires Hollandais leur abandonnèrent un des lieux les plus stériles de la colonie, dont, à force d'intelligence et d'activité, ils ont fait une terre féconde. Depuis ces temps déjà reculés, les Français du Cap se sont fondus dans la population hollandaise, dont ils ont adopté la langue, et, s'ils n'ont pas complètement oublié leur origine, ils sont du moins tout à fait étrangers au passé et au présent du pays qui fut la patrie de leurs pères.

En passant devant les jolies habitations de Malherbe et de Hugo, nous vîmes les modestes propriétaires de ces riants réduits qui labouraient mélancoliquement leurs champs; ils mettaient à leur travail une énergie et une vigueur qui donnaient à leurs corps inclinés sur la charrue de la grâce et de la noblesse; leurs bœufs robustes traînaient hardiment le soc; la journée était brûlante, des mouches bourdonnaient autour des nobles animaux en cherchant à les piquer de leurs trompes, mais une troupe de bergeronnettes, qui voltigeaient sur les pas des laboureurs, se précipitaient sur ces insectes incommodes quand ils se reposaient sur les compagnons qui semblaient confiés à leur sollicitude; plus loin, une troupe de jeunes filles de huit à treize ans, avec le costume hollandais, marchaient deux à deux, souriantes et fraîches, en sortant de l'école, leur livre à la main. Ce groupe renfermait sans doute des enfants de Hugo et de Malherbe, et nous nous demandions, à la vue de ce tableau ravissant, si mieux ne valait la vie calme, les paisibles travaux de ces deux hommes, que l'existence et les travaux des deux poètes dont ils portent le nom ! et pourtant je suis un des vétérans qui ont combattu à Hernani.

Aucun des descendants des Français réfugiés à Franc-Hoeck n'est possesseur d'une grande fortune. En travaillant assidûment, ils mangent le pain de chaque jour, élèvent leurs enfants, atteignent paisiblement la vieillesse, et pourtant presque tous ces hommes tiennent à des races qui furent puissantes ! Mornay-Duplessis, par exemple, peut-être le seul représentant authentique de cette illustre famille, est un malheureux loueur de chevaux, débiteur de notre hôte, qui nous fit prendre son char pour retenir le prix du louage !

De Franc-Hoeck, nous allons à Dragentens : ces deux pays ont les mêmes cultures et un aspect analogue ; ce sont les réfugiés français qui ont introduit dans cette contrée la culture de la vigne. Avant leur arrivée, cette partie était encore sous la domination peu tolérante des hôtes des bois. Un voyageur qui vint visiter nos compatriotes au moment de leur arrivée, raconte : « Qu'étant sorti d'une hutte provisoire pour faire une course à quelques centaines de pas du camp, il y rentra plein d'effroi, s'étant trouvé trompe à trompe avec deux éléphants qui renversaient tout sur leur passage. » Depuis lors, ces animaux, comme les lions, ont suivi les Hottentots, qui se sont, eux aussi, retirés devant la civilisation à laquelle les wesléiens et les frères moraves cherchent à les rallier.

C'est entre Franc-Hoeck et Dragentens qu'on traverse Berg-River. Le lit de la rivière a une très grande étendue. Mais dans ce temps de l'année, l'eau n'en occupait qu'un très petit espace ; ce n'est que pendant les pluies d'hiver qu'elle s'étend sur toute sa superficie ; elle entraîne dans son cours un sable siliceux très fin, dû à la désagrégation du terrain granitique au milieu duquel elle prend sa source et qu'elle parcourt. Après avoir passé Berg-River, le pays devient de plus en plus montueux, et c'est à travers ses collines, des ravins peu profonds qu'on atteint Wellington, petite ville de nouvelle fondation, qu'on a bâtie au milieu de terrains incultes, et qui a déjà une très jolie apparence. Quelle différence entre la colonie naissante de Wellington et certaines petites villes du Brésil qui comptent déjà plusieurs années d'existence ! Dans le premier de ces deux pays, on voit s'élever, comme pour protéger tout ce qui doit se grouper à l'entour, les deux foyers de toute prospérité et de toute moralisation, l'école pu-

nous aimerions mieux avaler l'huile rance de la Sainte-Ampoule que de tremper une seconde fois nos lèvres dans ce prétendu sylleri.

Nous fûmes visiter les trois clos de Constance dans un très bel équipage qu'on avait mis à notre disposition, et qui était conduit par un cocher malais, dont l'immense chapeau pointu dominait notre voiture comme le toit d'un minaret. Nous nous arrêtâmes d'abord chez M. Collins, qui nous fit visiter les plus petits détails de son habitation; nous flattâmes sa vanité de propriétaire en nous arrêtant devant des statués, de grandeur naturelle, représentant des Cafres, des Hottentots, des Bochismans dans leur cahute, et se livrant à diverses opérations de la vie domestique. Ces statues ont été faites à Londres, à ce que nous a dit M. Collins; elles sont effectivement assez mauvaises pour qu'on n'en doute pas. Après mille petites circonvolutions pour nous faire admirer tantôt un arbre nain, tantôt un arbre géant, le propriétaire nous introduisit enfin dans le clos, qui est parfaitement tenu, et où il nous versa le nectar qu'il fabrique.

En le quittant, nous fûmes chez M. Cloëte, qui nous soumit aux mêmes épreuves, en nous abreuvant d'absynthe et de miel, c'est-à-dire en provoquant notre enthousiasme en faveur d'une stalactite, d'une coquille et d'un oiseau, et en nous forçant à de nouvelles libations.

Nous allâmes enfin chez M. Van Reynet, qui n'avait ni stalactites, ni statues, ni coquilles à nous faire admirer, mais qui nous offrit, en compensation, une table servie de fruits secs et de fromage, sachant bien qu'à notre visite se rattachait le désir de faire l'acquisition de quelques bouteilles de constance, et voulant mettre notre palais en état d'apprécier dignement les qualités supérieures de ses produits. L'hospitalité de M. Van Reynet fut si bienveillante, il nous abreuva si largement de sa liqueur divine, que nous fûmes sur le point de perdre le souvenir des choses d'ici-bas.

Parmi les personnes que j'eus le bonheur de rencontrer au Cap, il en est deux dont je ne puis passer les noms sous silence : ce sont MM. les docteurs Pape et Sayher, qui furent pour moi pleins d'obligeance. C'est chez ce dernier que je vis un jeune Bochisman de dix-sept à dix-huit ans, qui arrivait depuis peu de l'intérieur. Cet individu avait un mètre, tout au plus; son teint était olivâtre, et bien moins foncé que celui d'un Hottentot; ses cheveux, excessivement laineux, étaient très courts; son front déprimé, son nez très épaté, sa bouche énorme, et ses lèvres médiocrement grosses; il portait tous les caractères de la faiblesse et de la débilité; il ne parlait que la langue de sa tribu, que M. Sayher connaissait fort bien, et ne répondait qu'avec une extrême lenteur aux demandes qu'on lui faisait.

Lui ayant fait demander quels étaient les objets habituels dont les Bochismans faisaient leur nourriture, il nous répondit « que, » dans son pays, on mangeait de tout, depuis les œufs de four- » mis, et les fourmis elles-mêmes, jusqu'aux éléphants, quand » ils les trouvaient morts. »

Il est difficile d'avoir l'idée d'une dégradation physique aussi grande que celle dont était frappé ce petit malheureux ; ses jambes étaient arquées comme celles des espèces animales qui se rapprochent le plus de nous : on eût dit que les muscles qui forment le mollet existaient à peine chez lui à l'état rudimentaire. Tels sont les effets de la misère et de la persécution sur la race humaine ! Autant elle est belle et puissante au milieu du bien-être, de l'abondance et de la sécurité, autant elle est hideuse, débile à l'état de sauvagerie, dans ce prétendu état primitif qu'on s'avise parfois de nous vanter.

Les Bochismans sont certainement une ramification de la race hottentote réduite à la condition la plus misérable par les poursuites dont ils ont été l'objet. Entourés de Cafres, de Hottentots, qui leur ont voué une haine implacable, ces malheureux ont eu toutes les peines du monde à perpétuer leur race ; car ils n'avaient pas seulement à se défendre contre ces ennemis implacables, mais encore contre les formidables animaux qui peuplent cette vieille terre d'Afrique, et pour lesquels ils étaient une proie d'autant plus facile qu'ils étaient dénués de tout moyen efficace de défense. Pour échapper à tant de dangers, ils ont été contraints d'établir leurs demeures sur les arbres les plus élevés des forêts, dans les antres les plus inaccessibles, et de soutenir leur misérable existence à l'aide des aliments les plus dégoûtants. Mais les persécutions et la misère ont rendu les Bochismans méchants et cruels, et dans leur faiblesse ils n'ont étudié la nature que pour lui emprunter tout ce qu'elle possède de funeste et de délétère, afin de l'employer contre leurs ennemis. Personne ne connaît mieux qu'eux les plantes vénéneuses et les reptiles les plus dangereux, dont ils extraient les principes toxiques pour préparer leurs flèches ; aussi la plus légère blessure produite avec les armes de ces êtres faibles et chétifs est-elle toujours mortelle.

C'est avec M. Sayher que j'ai parcouru les environs du Cap et que j'ai fait connaissance avec la flore de ce charmant pays : malheureusement la saison ne se prêtait pas à nos recherches, et nos récoltes ne furent pas très abondantes. Un jour que je parcourais avec M. Sayher les environs de la montagne de la Table, nous arrivâmes dans un ravin profond, où coulait une eau limpide. En examinant les objets qui nous entouraient, nous aperçûmes, au dessous d'une roche qui surplombait, une figure noire et ridée qui nous regardait avec attention. Cette physionomie

des fromages, qui sont l'un de leur principaux revenus. La vie des peuples pasteurs se ressemble partout; chez ceux-ci, les croyances s'harmonisent admirablement avec les mœurs. La lecture de la Bible est leur seule récréation, et cette lecture est plutôt pour eux la peinture de leur vie calme, sérieuse et un peu sauvage, qu'un enseignement religieux. Le plus pauvre des Boers possède jusqu'à cinq ou six cents bœufs. Les bœufs sont parqués tous les soirs; les engrais résultant de cette grande agglomération d'animaux, qui, partout ailleurs, constitueraient une source de richesse, sont, ici, détruits par le feu, et très souvent, ces matières incendiées brûlent pendant plusieurs années consécutives, tant leur masse est considérable.

Les Boers quittent rarement leurs demeures; ils ne vont pas dans les villes voisines se pourvoir des objets nécessaires à leurs besoins; ils agissent à cet égard exactement comme les Cafres, avec lesquels ils ont des rapports fréquents et qui ont des mœurs identiques. Ils reçoivent, des marchands colporteurs, qui vont les trouver à l'aide de ces immenses wagons dont j'ai parlé, tout ce qui peut leur être utile dans leur état. J'ai vu au Cap un jeune Marseillais qui allait jusque dans la Cafrerie faire avec ces peuples un commerce d'échanges. Quelquefois, quand les pâturages sont épuisés, les Boers changent de résidence; ils mettent sur un char tous les ustensiles de ménage; les femmes, les enfants, les vieillards prennent place sur celui qui leur est réservé; les hommes les plus vigoureux et les domestiques hottentots rassemblent les troupeaux, puis toute cette immense caravane se met en mouvement, campant le soir, et ne s'arrêtant définitivement que là où se trouvent une herbe abondante et une eau limpide. N'est-ce pas la vie d'Abraham, de Laban, de Jacob? N'est-ce pas une reproduction des temps bibliques?

Nous quittons, quoiqu'à regret, le châlet où nous nous sommes reposés quelques instants, et nous revenons sur nos pas pour gagner la Paarle, s'il se peut, avant le coucher du soleil. Pendant les trois jours qui suivent, nous parcourons les lieux que nous connaissons déjà. Ce n'est qu'à la fin du second que nous gagnons d'Arben, que nous ne connaissons pas encore, et qui mérite à peine une mention spéciale. D'Arben est située dans une plaine plus aride que celles que nous avons déjà parcourues; la culture de la vigne y fait place à celle des céréales, la terre y est légère, facile à labourer, et produit un froment d'une beauté remarquable. La misérable auberge où nous nous arrêtons est tenue par un cultivateur dont les traits nous rappellent ceux des habitants de notre pays, et qui accourt vers nous avec empressement, en nous disant qu'il s'appelle Tevillers. Comme nous ne pouvons reconnaître un compatriote dans ce nom, il nous apporte une vieille Bible française sur laquelle nous lisons : de Villiers. Ainsi, celui-ci ne sait pas même prononcer correctement son nom. Cette famille des de Villiers est excessivement répandue au Cap, où elle est venue, comme d'autres familles françaises, dans le même temps et dans les mêmes circonstances. Person, qui vint visiter à Franc-Hoeck les Français émigrés, une soixantaine d'années après leur départ de la mère-patrie, avait observé, comme nous l'avons fait au Brésil, avec quelle facilité se perd la langue maternelle ; car il ne trouva plus alors qu'une vieille femme de quatre-vingts ans parlant le français. Toutefois, il paraît que, dans certaines familles, l'usage de notre langue s'était plus longtemps conservé, car de Villiers nous a assuré qu'il l'avait parlée dans son enfance. Il est vrai qu'il nous a fait observer qu'avant lui personne de sa famille ne s'était allié à des Hollandais, et que ses pères n'avaient épousé que des femmes d'origine française, des Rousseau, des Retif, etc. La fille de notre hôte, bien que livrée aux plus rudes travaux, bien que déjà mère plusieurs fois, nous rappelle les traits fins et délicats de nos jeunes compatriotes ; il y a de plus, chez elle, un peu de cette timidité puritaine qui la fait ressembler à une des vierges-mères des tableaux de Raphaël. Cette halte chez de Villiers donne de nouveau cours à nos réflexions sur l'instabilité des destinées humaines, et, vivement préoccupés de ces pensées, nous partons de chez lui pour aller nous réinstaller à bord de la *Sirène*.

V.

L'Ile Bourbon.

Nous naviguions depuis un mois sur une mer dure et constamment agitée, lorsque, le 30 avril 1844, à cinq heures du matin, la vigie signala les montagnes qui s'élèvent au centre de l'île Bourbon. Le nom pittoresque de *Pitons* que portent ces cônes volcaniques, répété par les hommes de quart, éveilla en moi un vif souvenir de mes premières impressions ; je me rappelai tout à coup une autre phase de mon existence, le temps heureux où je lisais *Paul et Virginie*, où mon imagination suivait les deux charmants enfants sous les bouquets de cocotiers, au pied de ces âpres sommets dont j'avais plus tard admiré la sombre grandeur avec madame Delmare, une des premières femmes incomprises qui se soient décidées à franchir les mers sur les planches fragiles du roman.

Un bon vent nous poussait ; grâce à ce moteur puissant, nous filions dix nœuds à l'heure. A midi, nous jetâmes l'ancre devant Saint-Denis.

A notre arrivée, cette côte inhospitalière était battue par une

compatriotes qui sera assez heureux pour venir le remplacer Nous nous empressons de faire le roman de son existence, suivant que nous lui supposons le goût du monde ou celui de la retraite, des désirs bornés ou le goût des plaisirs bruyants, et toute l'ambassade conclut avec la plus parfaite unanimité qu'avec de la raison, un esprit sérieux, l'amour de l'étude... et un peu d'autre amour au cœur, on peut vivre à Cap-Town aussi bien qu'à Paris.

Le 21 mars, à cinq heures du matin, un immense charriot à quatre roues stationnait devant la porte de l'hôtel où logeait M. de Lagrené ; cette pesante machine renfermait trois bancs établis transversalement, suspendus sur des courroies et fort médiocrement rembourrés ; le siége pour les conducteurs était placé sur le devant, de manière à ne pas gêner la vue des personnes de l'intérieur ; et huit bons chevaux attelés à cette locomotive attendaient impatiemment le moment du départ. Ce ne fut pas sans surprise que j'appris que ce lourd équipage était destiné à nous transporter pendant notre excusion dans l'intérieur. Deux cochers malais, surmontés de leurs larges chapeaux pointus, étaient sur le siége : l'un tenant en main un fouet démesurément long et l'autre les rênes, qui semblent bien moins servir à ces habiles conducteurs que le premier de ces instruments.

Lorsque nous fûmes tous convenablement installés, la gigantesque voiture s'ébranla, et nos chevaux prirent immédiatement un trot qu'ils ont soutenu pendant quatre heures consécutives, sans qu'il fût nécessaire d'aiguillonner autrement leur zèle que par quelques paroles d'encouragement. Nous traversâmes une partie de la ville, qui s'éveillait à peine et dont la première pensée se tournait vers les besoins matériels de la journée ; des nègres marchands de fruits, de légumes et de volailles, parcouraient les rues, portant sur leur tête des corbeilles pleines ; des Malais marchands de poissons, une gaule transversalement placée sur leurs épaules, offraient, aux deux extrémités de cet étalage ambulant, leur marchandise qui frétillait encore ; et, devant la porte des boutiques de bouchers, on voyait suspendue la chair blanche et rose des bœufs gigantesques, dont l'aspect savoureux annonçait assez que nous étions dans une ville anglaise.

Nous suivîmes d'abord la route qui conduit à Constance, nous passâmes chemin faisant devant une enceinte de forme carrée appelée le marché, où étaient rassemblés une trentaine de wagons chargés de blé, de vin et d'autres produits, que les agriculteurs viennent vendre à Cap-Town. Rien n'est singulier comme l'aspect de ces wagons, attelés de seize, vingt et même vingt-quatre bœufs, les traînant péniblement au milieu d'immenses plaines sablonneuses, dénuées de végétation. Ces bœufs sont pour la plupart de magnifiques animaux ; leurs cornes sont longues d'un mètre environ, acérées comme une dague ; leur force est prodigieuse, leur pas grave et lent, et il ne marchent qu'en promenant à droite et à gauche leurs yeux pleins de sens et de réflexion, comme pour reconnaître si rien ne vient troubler leur sécurité. Lorsqu'on rencontre un certain nombre de ces attelages, on est étonné de voir que ces bœufs ont une de leurs cornes déviée dans un certain sens, que les uns les portent réunies en croissant au dessus de leur tête, ou contournées presque au dessous de la mâchoire inférieure. Ceux de ces quadrupèdes qui sont ainsi marqués viennent du pays des Cafres, où l'on se sert de ce moyen bien simple pour reconnaître les individus appartenant au troupeau de deux propriétaires voisins, en cas qu'il se confondent. Ainsi, dans ce pays, où l'homme le moins riche possède jusqu'à quatre ou cinq cents bœufs, tous ceux qui appartiennent au même maître portent uniformément le même caractère distinctif qu'on leur inflige, en agissant au moyen d'un lien sur la substance phanérique qui leur sert d'ornement. Plaisant moyen de distinction, qui malheureusement, dans les pays à esclaves, n'est pas applicable à l'espèce humaine : car nous avons vu que les barbares habitants du Brésil y suppléent avec un fer brûlant.

En quittant le chemin de Constance, nous descendîmes sur les bords de la mer, où s'étendent à perte de vue ces sables mouvants d'Afrique, que le vent soulève et déplace comme les ondes ; nous parcourûmes ensuite une plaine couverte de joncs maritimes. Ces joncs sont une des richesses du Cap ; les habitants s'en servent en les réunissant en faisceaux très serrés pour recouvrir la toiture de leurs maisons. Outre que rien ne saurait remplacer ce végétal comme élégance et comme solidité, il a l'avantage de rendre les demeures qu'il protège presque incombustibles : car leur tige siliceuse se carbonise par l'effet de la chaleur, mais elle ne flambe pas, et le feu qui atteint une partie ne se communique pas de proche en proche. Cette plante précieuse réussirait certainement dans les plaines sableuses de la Méditerranée, et son introduction dans certains de nos départements méridionaux serait un bienfait pour ces pays privés de carrières d'ardoises et presque dénués de combustible. Je voulus recueillir des graines de cette monocotylédonnée, malheureusement elles n'étaient pas dans leur état de maturité, et il eût été inutile d'envoyer en France des semences stériles, incapables de lever.

Malgré les difficultés du terrain mouvant dans lequel notre char s'enfonçait jusqu'à l'essieu, nos chevaux tinrent bon, et nous arrivâmes à Haef-Way-House à l'heure fixée d'avance par nos guides. C'est une maison isolée, qui sert de lieu de repos aux voyageurs qui vont du Cap à Stelemboch. On trouve dans cette pauvre auberge tout le comfort qu'on peut raisonnablement dé-

gouvernante avec une distinction qu'on est heureux de rencontrer chez les représentants de la France.

Le lendemain de notre arrivée, c'était la Saint-Philippe. Dès le matin, les navires de la station étaient brillamment pavoisés, le canon tonnait, les troupes étaient sous les armes, et nous fîmes notre première visite dans l'intérieur de Saint-Denis en nous associant au cortége des fonctionnaires qui se rendait à l'église pour assister au *Te Deum* et à la messe qu'on y célébrait en l'honneur du chef de l'État.

Énumérer les habits chamarrés sur toutes les coutures qui figurèrent dans cette cérémonie serait certainement tout aussi difficile que de faire le dénombrement d'une armée à la manière d'Homère. On y voyait des ancres sur tous les collets et sur toutes les basques des habits, et cette admirable administration de la marine était là représentée par tous ses mandataires d'une manière aussi complète que possible; elle y avait des représentants de son instruction publique, de son clergé, de son armée, de sa justice et de ses douanes. On dit que les jésuites aspirent au gouvernement du monde; je crois que ce sont plutôt les marins qui ont cette ambition, et si le vaisseau de l'état est à l'ancre, probablement c'est à eux que nous le devons...

Parfois on assure sérieusement que notre pays est le pays de la centralisation administrative et de l'unité. C'était possible autrefois; mais aujourd'hui les ministères de la guerre et de la marine forment deux royaumes distincts, qui luttent avec un troisième petit royaume qu'on appelle la France, et sur lequel ils exercent certains droits de souveraineté, car ils ont deux voix au conseil qui régit ce dernier pays! Il faut convenir que seulement en France on pouvait concevoir la grotesque pensée d'accorder à des marins, à de braves gens qui ont admirablement fait le quart pendant quarante ans, qui ont administré la cale et la cambuse avec discernement et probité, le privilége exclusif de gouverner despotiquement nos possessions d'outre-mer! Aussi faut-il voir comme tout marche régulièrement dans les heureuses contrées où règnent ces monarques improvisés! C'est à faire chérir le knout et le cimeterre... Dans les pays régis par ces rudes systèmes, on s'attend à certaines brutalités énergiques, à quelques actes de barbarie, résultats de la mauvaise digestion du chef de l'État; mais on n'a pas à souffrir ces tracasseries incessantes qui sont un symptôme d'incapacité chez celui qui commande.

Le *Te Deum* et la messe furent chantés par des prêtres blancs, parmi lesquels étaient mêlés quelques chantres d'une couleur qui trahissait leur origine. Dans notre colonie de Bourbon, ce n'est qu'au sanctuaire, au pied même de l'autel, que j'ai vu ainsi rapprochés et confondus des blancs et des mulâtres; partout ailleurs, dans les salons et sous la voûte même de l'église, les différentes nuances de l'épiderme établissent entre les individus une distance infranchissable.

Après la cérémonie officielle, j'allai rendre visite à une belle dame créole, une des notabilités de la colonie, madame B..... Pour nous rendre chez cette dame, nous parcourûmes plusieurs grandes rues, entre autres la rue Royale et la rue Labourdonnaye, nous traversâmes de belles places ombragées par des mangliers ou bordées de cocotiers; une de ces dernières est garnie de hangars en bois pour abriter des marchands de fruits et de légumes, nègres indolents, accroupis sur leurs talons, dans un état de demi-somnolence. Ce premier coup d'œil jeté sur la ville nous confirma dans la bonne opinion que nous avions de ce charmant pays. Vue de la rade, elle nous avait fait l'effet d'une réunion de charmantes villas distribuées sur une vaste étendue.

La maison de madame B..... ne différait en rien des autres maisons de Saint-Denis. Elle était précédée d'un jardin où croissaient les arbres odorants de l'Inde. Des orangers, des pamplemousses, des mangliers au feuillage noir et lustré. De sveltes palmiers balançaient au dessus de ces masses de feuillage leurs grâcieux éventails. Une large varande, espèce de galerie ouverte, régnait tout le long de la façade. C'est là que, d'après George Sand, les heureux colons s'abreuvent de l'*aromatique fahan* et fument d'oddrantes cigarettes en se balançant dans des hamacs. En réalité, ils y prennent du café noir en médisant de leurs voisins, réservant l'aromatique fahan pour guérir leurs catarrhes et leurs fluxions; quant aux cigarettes odorantes, elles sont remplacées par d'énormes *chirutos* de Manille, auprès desquels nos cigares de gendarme ne paraîtraient pas plus gros qu'un brin de paille.

Lorsqu'on a passé le seuil hospitalier, on entre de plain-pied dans un vaste salon, dont les fenêtres sont fermées par des persiennes qui laissent un libre accès à la brise. Les murs, simplemen blanchis, sont ornés de méchantes gravures magnifiquequement encadrées. On retrouvait dans l'ameublement toutes les belles inventions parisiennes, les siéges les plus confortables, de riches pendules, des glaces d'une dimension étonnante, enfin tout le mobilier d'un riche salon de la Chaussée-d'Antin, tout, hormis les tapis et les rideaux. Ce n'était pas seulement les produits de l'industrie française qui décoraient cette pièce, mais on y voyait encore tout ce que l'extrême Orient crée de charmantes fantaisies, de coûteuses inutilités, les incrustations de Bombay, les laques du Japon, les filigranes de l'Inde.

La maîtresse de la maison lisait à demi couchée sur un divan. Dans un coin, à distance, se tenaient trois ou quatre femmes de diverses nuances; elles cousaient en babillant à demi-voix

Dans les voyages d'une longue durée, les bœufs remplacent les chevaux. Nous avons rencontré, chemin faisant, quelques-uns de ces équipages qui roulaient vers le pays des Cafres ; chaque wagon représentait une maison ambulante ; il y avait là dedans non seulement des provisions pour plusieurs semaines et des ustensiles de cuisine, mais encore tout ce qui est nécessaire pour un campement ; il y avait un attirail de chasse complet et en outre des armes et des munitions à suffisance pour repousser les attaques des hommes et des bêtes féroces.

On éprouve un bonheur mêlé de d'émotion en parcourant ces solitudes immenses, peuplées d'espèces inconnues et sur lesquelles rayonne un ciel admirablement pur. L'aspect de ces déserts excite aux courses aventureuses. On songe avec sympathie à ces hardis voyageurs, à ces chasseurs intrépides qui, comme Karris et Delgorgue, ont livré de véritables combats contre les lions, les hippopotames, les rhinocéros, les éléphants, monstres formidables que la vieille Afrique nourrit dans son sein, et dont elle perpétue la conservation en les protégeant de sa ceinture de sables et de son soleil dévorant.

Nous arrivâmes à Stelemboch au déclin du jour ; avant d'entrer dans la petite-ville, nous traversâmes un petit ruisseau, *Crit-River*, qui était en ce moment très bas, et qui n'est vraiment considérable qu'au temps des pluies. Il est impossible de rêver un plus charmant pays que Stelemboch ! Chaque seuil semble vous faire un accueil bienveillant et vous engager à entrer dans l'intérieur. Stelemboch est bâtie sur un terrain plus uni que celui de Cap-Town, ce qui lui donne un aspect plus régulier, et la végétation plus puissante des arbres qui s'élèvent le long des rues leur procure une fraîcheur ravissante.

Nous descendons à l'hôtel de M. Van Blommestens. Le maître de la maison vient au devant de nous ; c'est un homme d'une cinquantaine d'années, frais et dispos, calme et gros comme un Hollandais. Sa figure séraphique était en ce moment surmontée d'un chapeau blanc colossal et reposait sur une prodigieuse cravate blanche, dont la *rosette*, symétriquement épanouie, nous donna une opinion avantageuse de la coquetterie élégante de son propriétaire. M. de Blommestens nous introduisit dans sa maison, dont la propreté intérieur ne démentait nullement le grâcieux extérieur. Entre autres choses qui faisaient l'ornement des appartements de M. de Blommestens, nous remarquâmes un arbre généalogique qui assignait à la dynastie des Blommestens une origine qui se perdait dans la nuit des temps. Le même tableau indiquait les alliances contractées par les ascendants mâles de notre hôte, et renfermait à côté de chaque nom les armoiries des familles qui avait été assez favorisées du sort pour leur donner les femmes qui ont légitimement perpétué leur nom jusqu'à ce jour. L'arbre généalogique s'arrêtait à l'hôtelier régnant, qui n'avait pas encore eu le temps d'y faire inscrire le nom des six femmes légitimes qui l'ont précédé dans les champs de l'éternité. Les prétentions héraldiques de notre hôte ne me surprirent nullement; j'avais déjà vu au Cap un temple dont les murs étaient couverts de boucliers, d'épées et de cottes de mailles, et l'on m'avait appris qu'à la mort de tous les marchands hollandais, on portait les armes du chevalier décédé dans le temple de sa communion.

Le docteur Versfeld eut l'obligeance de nous faire les honneurs de Stelemboch avec une bonhomie et une grâce charmantes. Il a habité longtemps la France, où il a été un des élèves les plus distingués de nos universités. Ce fut pour moi un véritable plaisir, à quatre mille lieues de notre pays, d'évoquer des souvenirs de quinze ans, de parler du savant botaniste Persoon, que j'avais connu au début de ma carrière : bon vieillard, qui, au milieu du dénûment dans lequel il vivait, ne porta jamais d'autre accusation contre la Providence que de lui donner des étés trop pluvieux pour mûrir ses graines et faire épanouir ses fleurs, ou des automnes trop secs pour faire développer les champignons, objet de ses études.

Le docteur Versfeld, qui s'occupe d'histoire naturelle avec succès, mit à ma disposition son intéressante collection. Lui ayant exprimé le désir de voir des individus de race pur, Hottentots, Cafres ou Bochismans, et surtout de posséder des crânes de ces diverses races, il nous fit faire, au milieu de la nuit, la plus étrange promenade qu'aucun de nous eût encore faite pendant notre vie aventureuse de voyageurs.

Le docteur nous conduisit d'abord chez lui et nous fit admirer deux crânes de Cafres qu'il avait recueillis lui-même sur un champ de bataille, où le courage des Boers de Port-Natal avait échoué contre la sauvage énergie des gens de plusieurs tribus réunies. Ces crânes, qui portaient tous les caractères propres à cette race, c'est-à-dire un développement considérable des parties latérales de la tête, un front assez large mais fort déprimé, me furent offerts par le docteur avec une générosité qui me toucha. Après m'avoir fait don de ce trésor, il mit le comble à mes désirs en me donnant le crâne d'un Hottentot de race pure, qui avait été assassiné par un Indien, il y a un an à peu près. C'est une douce satisfaction de posséder ce qu'on désire, surtout lorsque les objets qu'on convoite, objets d'art ou de science, portent un cachet positif d'authenticité, et c'est le sentiment que j'éprouvais en considérant ces trois crânes, sur lesquels le docteur me donna des renseignements capables de satisfaire l'amateur le plus scrupuleux.

Après les premiers moments donnés à notre admiration, le doc-

résistibles attraits pour ces esprits inquiets, qui, habitués aux combinaisons hasardeuses, considèrent presque ce passe-temps funeste comme une affaire commerciale à bref délai. Les pertes qui se firent et les gains qui se réalisèrent dans cette soirée furent considérables; ils étaient en rapport, sans doute, avec la fortune de ceux qui se livrèrent à ces chances capricieuses, mais non pas avec les habitudes de nos salons. C'est que dans ce pays l'amour du jeu prend des proportions gigantesques : le joueur qui convoite les monceaux d'or étalés sous ses yeux ne connaît ni frein ni entrave; une partie engagée est pour lui une lutte à mort; son audace va jusqu'au délire; il ne se retire qu'après avoir épuisé sa dernière chance. On assure cependant que la fureur du jeu diminue sensiblement dans la colonie. Ce serait un grand bonheur surtout pour les employés que la métropole envoie dans ces parages. Ces fonctionnaires, mal rétribués, se laissent séduire par quelques rares exemples de gains considérables; ils sont souvent entraînés devant le tapis vert dans l'espoir incertain d'en réaliser de semblables; espérance ordinairement déçue, qui ne leur laisse que d'amers regrets et de pénibles embarras.

Le lendemain de la Saint-Philippe, il y eut bal au gouvernement : ce qui nous permit de voir réunies les belles Bourbonnaises, comme on dit là-bas; expression assez comique, qui rappelle involontairement un chant populaire dont les images sont peu grâcieuses. Malgré ce fâcheux synonyme, nous n'en trouvâmes pas moins les belles Bourbonnaises charmantes; ce sont des femmes de satin blanc, vêtues de gaze, vaporeuses comme un rêve, mais nonchalantes, froides, ne mettant un peu d'élan que là où elles peuvent satisfaire leur vanité, nous dirons même leur orgueil. Si jamais une erreur s'est propagée avec une malheureuse facilité, c'est celle qui attribue aux femmes des climats ardents une imagination en rapport avec la température dans laquelle elles vivent. Ces femmes ont des caprices, mais pas de passion. Les désirs de ces êtres diaphanes, nés avec des instincts de despotisme, habitués à la mollesse, n'ayant d'autre règle que leur vouloir, sont presque toujours irréalisables, à cause des vagues aspirations de leur esprit peu cultivé, qui ne sait pas formuler ses propres entraînements; leur imagination est une mer dont les vagues se succèdent sans se ressembler, et dont la configuration change cent fois de forme et de physionomie dans quelques moments : de sorte qu'on peut dire indifféremment qu'elles aiment tout parce qu'elles n'aiment rien, ou qu'elles n'aiment rien parce qu'elles aiment tout.

Il est possible que quelque histoire de violence brutale ait pu leur donner une certaine réputation d'énergie, mais ces instincts grossiers, propres ordinairement aux natures communes, ne constituent pas la passion. Ce qu'il y a de poétique dans l'amour est toujours le résultat d'une intelligence élevée, d'une éducation soignée, qui exalte la sensibilité; c'est le fruit d'une civilisation avancée : mais ce n'est certainement pas dans les âmes incultes qu'on trouve ces délicatesses qu'on est porté à diviniser et qu'on adore à genoux.

Aussi, en général, les dames créoles manquent de physionomie; elles sont quelquefois belles, elles sont très rarement jolies. Lorsqu'elles vieillissent, il ne reste rien pour remplacer ce qu'elles perdent; aussi cherchent-elles à éterniser leur jeunesse. Nous avons vu danser, couronnée de roses et vêtue en sylphide, une dame qui était deux fois grand'maman et qui comptait soixante étés — dans ce pays il n'y a pas d'hiver — c'était en vain que ses mains amaigries avaient perdu leur forme charmante et que sa charpente osseuse commençait à faire saillie sous une peau sans éclat, c'était en vain que l'affreuse patte d'oie avait marqué son stigmate sur ses tempes, elle voulait être jeune malgré le temps, malgré le calendrier, malgré son acte de naissance, et surtout malgré son mari!

En général, les mœurs des dames créoles sont pures; dans leurs maisons complètement ouvertes aux importuns, dans lesquelles chacun pénètre presque sans se faire annoncer, où tous les membres de la famille vivent dans une étroite communauté, où de nombreux domestiques se croisent et se succèdent dans les appartements, rien ne prête au mystère, aux discrets entretiens, aux exquises douceurs de l'amour : l'occasion peut déterminer un acte brutal, jamais une tendre liaison ne naît de ces rapports.

Le bal fut brillant et animé. Les toilettes des danseuses étaient du meilleur goût, on voyait qu'elles sortaient des mains les plus habiles et les plus exercées; on devinait que toutes ces parures avaient été créées dans le pays où vivent les femmes les plus élégantes de la terre; elles auraient dû être portées par des fées, par des sylphides; mais la silencieuse immobilité des danseuses les faisait ressembler plutôt à des ombres qu'à ces êtres fantastiques et charmants qu'évoque notre fantaisie.

La population de Bourbon se renouvelle fort souvent : ce pays est une espèce de camp volant dont on s'échappe dès qu'on a fait fortune. Cependant, il existe encore dans l'île quelques familles dont l'origine remonte aux premiers temps de notre établissement; elles ont eu pour fondateurs soit des aventuriers intelligents, soit ces anciens déportés dont on avait voulu à une certaine époque peupler Madagascar. La plupart, pour échapper à cet importun souvenir, ont inhumé leur vieux nom de famille, bon tout au plus pour des goujats, dans un nom d'habitation qu'ils portent affublé de la particule aristocratique. Pour

M. Van-Dyse vit dans cette délicieuse retraite avec ses deux enfants, un fils et une fille fraîche, gràcieuse, élégante comme une Anglaise élevée à Paris, et, bien qu'à ma toilette un peu ténébreuse elle m'ait pris pour un abbé, je lui pardonne en faveur de la petite moue dont me gratifia son intolérance protestante.

Les Anglais ont, dans leurs possessions du Cap, un nombre immense d'habitations semblables, dans lesquelles les hommes qui connaissent l'univers comme le commun des mortels connaît sa ville natale, se sont fait, loin de tout centre de population, un monde à eux, qui a pour horizon leurs possessions et qui n'est peuplé que de leurs enfants : toutes choses, d'ailleurs, que Méry a dépeintes, dans sa *Floride*, avec une telle vérité, qu'on croirait que le poète les a vues autrement que dans ses rêves.

Le soir, en quittant la maison de M. Van-Dyse, pour regagner Stelemboch, nous galopâmes sur un sol sablonneux, couvert de bruyères; de grandes montagnes d'une teinte sombre se montrent à notre droite, le désert et ses profondeurs sont à gauche, et la lune, qui nage dans le fluide bleu du firmament, nous éclaire d'une lueur blanche et mate. Nous éprouvons un véritable ravissement à nous laisser aller à toute la vitesse de nos chevaux sur cette mer de granit réduit en poussière. Une dame dirige la cavalcade, qui la suit en silence, chacun abandonnant le soin de sa propre conservation au cheval qui l'emporte, et ses pensées à ce vague infini dont le ciel qui nous éclaire et la terre que nous foulons sont l'image.

Lorsque nous quittons Stelemboch, pour nous rendre à la Paarle, nous traversons, comme les jours précédents, de vastes plaines; mais ici, les bruyères et les protéacées mellifères deviennent plus rares; le terrain n'est accidenté que par des milliers de petites constructions côniques, qui sont des nids que d'énormes fourmis construisent avec une solidité et un art admirables. Il est impossible de parcourir ces lieux sans être frappé de la multiplicité de ces nids, qui couvrent des étendues prodigieuses. Arrivés sur les bords d'une petite rivière, nous rencontrons un campement de nègres hottentots, qui sont en voyage et se sont arrêtés pour prendre leur repas. La petite troupe se compose de huit ou dix femmes, autant d'hommes et d'un assez grand nombre d'enfants. Tandis que les hommes coupent du bois et poursuivent, dans le lit de la rivière de grands crustacés qui nagent dans cette eau limpide, quelques femmes allaitent leurs enfants; d'autres, qui se livrent aux soins du ménage, les portent suspendus à leur dos, à l'aide d'un linge dont les bouts inférieurs sont noués devant leur poitrine, et dont les bouts supérieurs passent sur leurs épaules.

IV.

La Paarle, le Franc-Hoeck, Dragentens, Wellington, Wagen-Makers-Valley, habitations de Boërs.

Nous jetons un coup d'œil sur ce tableau animé, et nous continuons notre voyage. A partir de ce point, le sol change complètement d'aspect : aux terres incultes, succèdent des plantations de pins symétriquement alignés, les vignes reparaissent et la disposition du terrain reprend un caractère montueux, que nous n'avions plus rencontré depuis notre départ du Cap. En pénétrant dans le territoire de la Paarle, nous voyons qu'il fait partie d'un bassin géologique ceint d'une chaîne granitique qui embrasse Franc-Hoeck, Dragentens, Wellington et Wagen-Makers-Valley. Ce vaste bassin est arrosé par quelques cours d'eau insignifiants et surtout par une rivière, Berg-River, qui a une importance réelle à cause de l'abondance de ses eaux. Il n'existe dans cette partie que des terrains primitifs. La chaîne de montagnes qui l'entourent devait, dans le principe, être taillée à pic ; mais la facilité avec laquelle cette roche est attaquée par les agents atmosphériques a bientôt adouci les pentes. C'est ce qu'on peut conclure de l'observation des lieux et des assises de terrain de transport, qui sont inférieures à la terre végétale et composées des éléments désagrégés qui font partie de la roche intacte.

La petite ville de la Paarle est ainsi nommée à cause de la forme sphérique qu'affectionnent les blocs de granit qui couronnent le sommet de la montagne qui la domine.

Cette forme arrondie est due à l'altération de la roche, dont les arrêtes et les parties saillantes ont été effacées par l'action des agents extérieurs, lesquels exercent aujourd'hui leur influence sur les blocs détachés.

Telle qu'elle est, cette petite ville ne déparerait pas nos plaines de la Normandie ; elle est bâtie en amphithéâtre, sur le versant d'une montagne assez élevée. Nous sommes logés chez un pharmacien qui cumule cette profession avec celle de maître-d'hôtel, ce qui ne nous empêche pas de faire chez lui d'excellents repas, entre autres un déjeûner où figuraient des œufs de pingouin, dont l'albumine coagulée conserve une transparence parfaite, une omelette d'œufs d'autruche et un morceau d'hippopotame fumé, du meilleur goût. Heureux pays que celui où on peut offrir à ses hôtes un pied braisé d'éléphant, comme on offre en France un pied de cochon à la Sainte-Ménéhould, où on sert un filet de porc-épic, une cuisse d'antilope, un jambon

couvert de fleurs et de pierres blanches, et nous nous en fûmes devisant, sur le sentier poétique, de ces hommes qui ont assez de croyance dans la bonté de Dieu pour faire d'un tombeau une butte fleurie, où doit reposer le corps, pendant que l'âme heureuse est appelée à d'autres destinées.

Pendant notre séjour à Cap-Town, une frégate de guerre hollandaise vint y relâcher; ses habitants, d'origine hollandaise, profitèrent de cette circonstance pour exprimer au commandant la sympathie que leur inspiraient d'anciens compatriotes, et une sérénade nombreuse fut spontanément organisée pour fêter l'arrivée du navire. On se tromperait si on voulait voir dans cette démonstration une protestation contre la domination anglaise. Aujourd'hui, les habitants du Cap ne sont plus ni Hollandais, ni Anglais, ni Allemands, ni Français, la plupart sont nés sur le sol africain, et ils pressentent leur future destinée. Une population éclairée, laborieuse, entreprenante, essentiellement industrieuse, qui couvre une superficie de terrain qui s'étend depuis Cap-Town jusqu'à Port-Natal, ne saurait être pendant longtemps un état dépendant d'une métropole européenne. Monarchie ou république, tôt ou tard le Cap proclamera sa séparation de l'Angleterre : les habitants, nés à Cap-Town, en s'intitulant Africains, ont conscience de la puissance qu'ils acquièrent journellement.

II.

Le vin de Constance.— Le Bochisman. — Le Babouin.

Les environs de Cap-Town ont, comme je l'ai dit, un cachet particulier : ce sont des parties rocailleuses couvertes de bruyères et de protéacées; les parties cultivées sont plantées de vignes et d'arbres fruitiers tous originaires d'Europe. Il est peu de pays que des colons intelligents aient façonné avec plus d'art et de soin. Dès les premiers temps de leur arrivée dans ce pays, les Hollandais ont voulu en faire un pays à l'image de celui qu'ils quittaient; ils y ont parfaitement réussi : ce sont partout, autant que les localités le permettent, des canaux d'irrigation parfaitement disposés, bordés de trembles et de peupliers; de belles allées de chênes abritent les habitations, qui sont en tout semblables à celles de Flandre et de Hollande, propres, cirées, blanches comme les murs et le parquet d'un temple.

C'est à une petite distance de la ville, dans un lieu appelé Constance, qu'on récolte le vin qui porte ce nom. Trois propriétaires sont exclusivement en possession de la confiance des consommateurs ; ce sont MM. Cloëte, Van Reynet et Collins. Les clos de ces messieurs sont de superbes villas, où ils font le meilleur accueil aux étrangers, et surtout aux acheteurs qui viennent visiter leurs domaines.

Il existe quatre espèces de vin de Constance : le pontac, le frontignac, le constance rouge et le constance blanc. Le premier de ces vins se fabrique avec deux espèces de raisins, un raisin blanc et l'autre noir. Le raisin blanc est absolument semblable à celui avec lequel on fait, en France, le vin de Frontignan. On le cueille excessivement mûr, on l'égrène et on en exprime le suc dans de grands tonneaux. Lorsqu'il commence à fermenter, on le transvase pour interrompre cette première fermentation. On laisse sécher sur le cep le raisin noir, qui n'est autre que le teinturier du midi de la France ; et, lorsqu'il est complètement sec, on met les grains dans le suc précédemment exprimé du raisin blanc ; ces grains s'en imprègnent, et on les écrase alors pour qu'ils donnent toute leur partie colorante. Comme on le voit, l'addition du raisin noir n'est faite que dans le but de colorer le vin ; et certainement on ne pouvait trouver un procédé plus barbare pour faire une liqueur rouge avec du suc de raisin blanc. Malgré les vices d'une fabrication aussi défectueuse, le pontac est le plus estimé de tous les vins de Constance ; c'est aussi le plus cher, et celui qui, en même temps, a le plus de caractère et ressemble le moins à nos vins liquoreux de France. Il a toujours, quel que soit son âge, un peu d'âcreté ; ce défaut vient de ce que le raisin noir, qui a subi une dessiccation complète sur sa tige, ne renferme plus de sucre au moment où on l'emploie, mais un principe astringent, uni à la partie colorante, qui prend vivement à la gorge quand on veut en goûter.

Le frontignac est fabriqué seulement avec le raisin blanc dont j'ai parlé précédemment. Le principal secret de sa confection consiste à empêcher sa fermentation au moyen de mèches soufrées, à transvaser le liquide plusieurs fois, jusqu'à ce qu'il soit séparé de tout ce qui en altère la transparence. Après le pontac, c'est le frontignac qui est le plus cher et le plus recherché. Quant au constance rouge et blanc, il a tant de rapport avec les vins de la bonne ville de Cette, que je ne sais, en vérité, si on pourrait toujours les distinguer de ces derniers.

On conserve les vins de Constance dans des tonneaux en chêne parfaitement soignés, et on ne les met en bouteilles qu'au moment de les expédier. Ils supportent assez bien le transport, sans cependant acquérir des qualités nouvelles, ce qui est un défaut pour un vin de luxe qu'on ne saurait consommer sur les lieux. Depuis quelques années, on a essayé de contrefaire le champagne à Constance !... Que les Rémois ne s'alarment pas de la concurrence ; car nous, qui avons goûté cet infâme breuvage

blique et le temple; dans le second, au contraire, la piété proverbiale des Portugais n'a pas encore pu élever une modeste chapelle.

Wellington compte déjà une centaine de maisons; quelques lambeaux de terrain sont à peine en culture, les habitants n'ont encore songé qu'à préparer leurs demeures et se sont bornés à élever quelques bestiaux; aussi. faut-il voir comme ces maisons sont bien construites, sainement disposées. Les Anglais et les Hollandais, loin d'imiter les autres peuples, qui, en commençant une colonisation, préparent des abris provisoires, qui deviennent trop souvent des bouges auxquels la paresse et l'incurie s'habituent, commencent au contraire par construire de bonnes maisons pour abriter leur future famille.

En sortant de Wellington, nous abordons des sentiers de plus en plus accidentés; ils sont bordés de deux espèces d'oliviers fort communs dans ces parages et dont les fruits ne sont pas utilisés. Le chemin que nous suivons conduit à Wagen-Makers-Walley, qui est bâti au pied de la chaîne granitique qui circonscrit le bassin dont j'ai parlé. Dans cette position, les parties inférieures reçoivent toutes les eaux du versant qui les domine. Aussi, ce paysage est-il d'une fraîcheur ravissante, et la végétation d'une force et d'une beauté qui sont presque exceptionnelles dans ce pays.

C'est à Wagen-Makers-Walley qu'on récolte la plus grande partie des oranges qui se consomment à Cap-Town, et nulle part je n'ai vu prendre à des orangers des dimensions aussi grandes que dans ce pays. Dans une vaste prairie traversée de mille petits ruisseaux qui courent sur cette verdure comme des franges d'argent sur un satin vert, j'ai remarqué des orangers qui confondaient leur feuillage avec ceux des chênes séculaires. Dans cette partie montueuse, on élève de nombreux troupeaux de moutons et de chèvres; et l'on m'apprend que le croisement des brebis du Cap avec les espèces européennes fait perdre aux individus qui en proviennent cette queue longue et graisseuse qui distingue les premières.

Nous recevons l'hospitalité dans une famille wesléienne; la jeune fille qui nous reçoit est sérieuse et réservée; la mort récente de sa mère ajoute quelque chose de mélancolique et de triste à la rigidité habituelle du méthodisme. Elle nous offre tout ce qui peut nous être nécessaire, froidement peut-être, mais avec l'intention bien marquée de nous être agréable et de nous le voir accepter. Nous apprenons qu'un ministre français (il ne s'agit que d'un ministre protestant), est établi à Wagen-Makers-Walley : nous allons faire une visite à notre compatriote, qui malheureusement est absent. Nous ne trouvons, dans une humble et décente maison, que la jeune femme du ministre; elle est entourée de sa petite famille, de femmes hottentotes et de jeunes enfants de cette race, qui semblent être sous sa direction. Tout respire l'ordre et la paix dans cette maison, qui est bâtie en face du temple. Involontairement, nous nous prenons à songer à l'influence que peuvent acquérir un homme et une femme saintement unis; agissant dans l'intérêt d'une foi commune, et donnant à des populations jeunes encore l'exemple d'une moralité profonde, en étendant individuellement leur influence sur ceux qui les entourent.

Le soir, pendant que nous sommes à considérer les teintes roses dont un soleil mourant colore le granit de la montagne, madame de L... signale à notre attention une lueur incertaine qui court sur la crète de la montagne. Bientôt la clarté augmente, le sillon imperceptible s'agrandit en un instant, et nous voyons de grandes langues de feu s'élever dans les airs, courir sur le sol en étendant partout les ravages de l'incendie. Bientôt la lisière de feu occupe plusieurs lieues. Nous ne savons à quoi attribuer la cause de ce que nous considérons comme une horrible dévastation. Mais nous sommes bientôt rassurés par nos hôtes, qui nous apprennent que c'est par le feu que les agriculteurs régénèrent leurs pâturages.

Avant le point du jour, nous sommes debout : nous voulons descendre sur le versant opposé de la montagne pour jeter un coup d'œil sur les habitations des Boers qui vivent derrière Wagen-Makers-Walley et nous acheminer vers le Cap. Le rigide commandant de la *Sirène* nous attend dans trois jours pour reprendre la mer. Quand on est sur le sommet de la montagne et que nous promenons nos regards du côté opposé à celui par lequel nous sommes venus, on n'aperçoit que des terres incultes couvertes d'une herbe grêle et abondante : ce sont encore des plaines, mais cette fois d'un horizon presque sans fin. C'est bien le pays qui convient aux peuples pasteurs que nous allons voir.

Il y a la plus grande ressemblance entre les habitations des Boers et les châlets des Alpes et de la Suisse : ce sont de grandes masures construites en planches et recouvertes en chaume, se composant d'une seule pièce toute de plain-pied et ne recevant le jour que par la porte, qui n'est fermée que pendant la nuit. Une cuisine qui sert de salle à manger, une chambre à coucher pour le père et la mère de famille, un réduit le plus souvent obscur pour les enfants et quelque domestique privilégié, sont les seules divisions que l'on ait faites à ce vaste appartement. Les Boers ne cultivent pas ou presque pas de céréales, quelques légumes et le lait de leurs troupeaux constituent leur seule nourriture. Les hommes ne rentrent dans l'habitation que le soir ; le jour, ils gardent les troupeaux, pendant que les femmes, aidées de quelques domestiques hottentotes, se livrent à la préparation

étrange n'avait rien de bien rassurant. Sa mâchoire proéminente et son nez écrasé me le firent prendre pour un vrai Bochisman vivant dans la retraite. Mais mon guide, qui connaissait mieux les indigènes, s'étant servi de sa canne comme d'un fusil pour le coucher en joue, nous vîmes tout à coup notre inconnu montrer son corps grêle et velu, s'accrocher de ses longs bras à la partie supérieure de la roche qui l'abritait, sauter lestement dessus et disparaître en un clin d'œil. C'était, comme me l'expliqua M. Sayher, qui connaît les mœurs des singes comme celles des Hottentots et des Cafres, un énorme babouin chassé de sa troupe pour quelque méfait et vivant à l'écart.

Lorsque ces animaux vont en maraudeurs parcourir les champs, ils placent des sentinelles pour les prévenir en cas de danger. Si, malgré ces précautions, ils sont surpris en flagrant délit, ils s'en prennent à ceux qu'ils ont mis en vedette, et ils leur administrent ordinairement une correction si énergique à coups de pierre ou de bâton, qu'ils les laissent parfois morts sur la place. Lorsqu'il s'agit d'une peccadille moins sérieuse, ils se contentent d'exiler le coupable pendant un certain temps, et ne le réintègrent dans les droits de citoyen qu'après une expiation proportionnée au délit. Il n'est pas rare de rencontrer des bandes de babouins dans les montagnes qui dominent le Cap ; c'est même le seul grand mammifère qu'on y rencontre encore ; le lion, l'éléphant, l'hippopotame ayant fui devant la civilisation et s'étant retirés là où les Hottentots se sont arrêtés eux-mêmes.

Ça été pour moi une bonne fortune d'avoir rencontré M. Sayher au cap de Bonne-Espérance ; j'allais souvent visiter son laboratoire, dans lequel étaient amoncelées les richesses naturelles de cet admirable pays ; il se prêtait à toutes nos fantaisies, débouchant des flacons pour examiner des reptiles, décollant des boîtes pour voir des insectes, et me racontant avec son flegme germanique ses courses aventureuses dans la Cafrerie, au milieu de ces populations dont le génie anglais a su se faire des amis. Je ne connais rien d'intéressant comme les récits de M. Sayher, me peignant son séjour au milieu des peuplades sauvages que les wesleiens et les frères moraves initient à la civilisation chrétienne.

Il est peu de pays sur lesquels on possède tant de documents que sur le cap de Bonne-Espérance. Indépendamment des journaux qui se publient à Cap-Town, à Graham-Town, à Élisabeth-Town, à Port-Natal, des annuaires qui paraissent au commencement de chaque année, des tableaux statistiques imprimés par ordre de l'administration, il existe encore un très grand nombre d'ouvrages spéciaux, qui donnent des détails pleins d'intérêt sur les mœurs, les habitudes, les produits de ce pays et les événements dont il a été le théâtre. Entre autres livres, il en est un dont la lecture est des plus attachantes par l'originalité des descriptions et l'étrangeté du sujet. Nous ne saurions trop le recommander; il est intitulé *Wild Tribes and sport of south Africa, by Harris*. En lisant ce livre attrayant, on s'associe aux courses aventureuses de l'auteur au milieu de ces nations étranges; on partage les émotions et les enivrements de ces chasses, dont le moindre gibier est un lion, une girafe ou un hippopotame. Nous recommandons aussi la lecture du *Reprind of Port-Natal, by Chase*, dans lequel sont racontés de la manière la plus dramatique les événements de Port-Natal, la migration des Boërs, toutes choses fort mal connues en France et décrites avec une poésie biblique, qui fait ressembler cette page de l'histoire du Cap à un feuillet détaché de l'Ancien-Testament.

Il est encore quelques autres ouvrages que nous aurions pu mettre à contribution; mais nous avons préféré notre prolixité, peut-être un peu ennuyeuse, à des détails fort intéressants sans doute, qu'il eût fallu recueillir de tous côtés. En voyage, les journées sont si courtes et les heures si rapides, qu'il n'est pas permis de bouquiner et de chercher ailleurs que dans ses notes et ses souvenirs des faits à raconter, des cités à décrire, etc., de petits mensonges fort innocents à débiter; car quel est le voyageur qui ne mente pas légèrement? Pour moi, je n'en connais pas.

Le seul événement un peu remarquable qui se passa pendant notre séjour au Cap fut le rappel de sir Charles Napier, gouverneur du Cap, qui fut remplacé par M. P. Maïtton. Les amis de l'ancien gouverneur lui exprimèrent publiquement les regrets que son départ leur inspirait, en lui offrant un banquet auquel assista son remplaçant. Bien que M. de Lagrené n'eût aucun caractère officiel au Cap, les commissaires qui présidaient à cette réunion ne s'empressèrent pas moins de venir prier le ministre plénipotentiaire de France en Chine de leur faire l'honneur d'y assister. Malheureusement, M. de Lagrené, qui, depuis plusieurs jours, avait fait ses dispositions pour un voyage dans l'intérieur où nous allons le suivre, ne put se rendre à leur désir.

III.

Stelembosch.

Au moment de notre départ pour l'intérieur, on nous annonce la mort de l'agent consulaire de France. Nous ne pouvons donner de bien vifs regrets à la perte d'un vieillard valétudinaire, qui nous était inconnu, mais la vive sympathie que nous inspire ce beau pays du Cap nous fait immédiatement songer à celui de nos

mer qui mugissait avec furie et se brisait contre les rochers perpendiculaires qui bordent le rivage en jetant sur les parties découvertes de la plage son écume, semblable à des flocons de neige emportés par le vent. Notre frégate, obéissant à l'impulsion du flot, roulait et tanguait comme en pleine mer, ce qui n'ajoutait rien au charme contestable que l'on trouve à habiter ces demeures flottantes lorsqu'on est en vue de terre.

Du point de la rade que nous occupions, la petite ville de Saint-Denis, entourée de jardins où s'élèvent des jambosiers aux fruits odorants, des papayers, des roucous aux fruits épineux, aux fleurs pourprées, nous semblait un séjour d'autant plus charmant que nous ignorions l'heure à laquelle il nous serait permis de quitter le bord pour aller nous reposer dans cette espèce d'oasis que la main de Dieu a placée au milieu des solitudes mouvantes de l'Océan. M. de Lagrené, souffrant plutôt que malade, réclamait mes soins et ma présence à bord, car son indisposition pouvait s'aggraver instantanément sous les plus légères influences; enfin, sur les pressantes sollicitations que M. le gouverneur lui fit adresser par un de ses aides-de-camp, M. le ministre plénipotentiaire se décida à descendre à terre, où je le devançai vers quatre heures de l'après-midi.

Il est souvent beaucoup plus dangereux de traverser la rade de Bourbon que de faire un long voyage sur le Grand-Océan. La mer est presque toujours mauvaise dans ces parages, à cause d'un vent de travers qui y règne presque sans relâche, et qui expose les petites embarcations à chavirer pendant ce dangereux trajet. Déjà aguerri contre les accidents d'un embarquement difficile, je n'hésitai pas à descendre dans le canot-major avec un de mes compagnons de voyage, et nous voilà aussitôt, roulant à la merci d'une mer dure et profonde, tantôt couchés sur le côté, tantôt soulevés avec violence et retombant lourdement dans l'abîme mouvant qui se creusait comme pour nous engloutir. A chaque instant, les vagues déferlaient dans notre embarcation; mais nos matelots, gens hardis et vigoureux, ramaient avec une précision, un sang-froid inouï, et, grâce à leur habileté, nous atteignîmes un des embarcadères de Bourbon, laissant derrière nous la mer de plus en plus moutonnée et mugissante.

Les embarcadères de Bourbon sont construits de manière à pouvoir assurer, même par le plus mauvais temps, l'abordage des petites embarcations. Ce sont de grandes constructions sur pilotis s'avançant au dessus de l'eau comme une tête de pont; elles sont munies d'échelles, les unes fixes, dont on peut se servir lorsque la mer est calme, et les autres flottantes, dont on fait usage pendant le mauvais temps. Ce dernier moyen d'ascension est difficile et périlleux. Lorsque la vague agitée empêche l'embarcation de toucher aux pilotis, il faut saisir, pour ainsi dire à la volée, une de ces échelles qui se balancent au dessus des flots et grimper lestement sur l'embarcadère. Certainement je n'avais pas été créé et mis au monde pour briller dans la gymnastique et faire des évolutions sur la corde; mais l'instinct de la conservation opère des miracles. Grâce à son influence, je me cramponnai à propos à l'échelle flottante, dont je franchis les degrés comme aurait pu le faire le meilleur élève du colonel Amoros. Quelques curieux qui formaient la haie sur l'édifice aérien m'accueillirent avec un sourire approbateur; j'en conclus que je n'avais point franchi ce mauvais pas d'une manière trop disgrâcieuse. Malgré ce succès, j'avoue cependant que ce fut avec une certaine satisfaction que je posai les pieds sur les planches solides de l'embarcadère.

En descendant sur ce nouveau rivage, rien ne me fit présumer d'abord que je venais de retrouver sur ces vastes mers un point perdu de la France. Je traversai une grande place déserte, chauffée par un lourd soleil, dont aucune feuille d'arbre n'affaiblissait l'intensité; l'aspect en était morne et silencieux; le sol mal nivelé ne présentait aucune empreinte de pas humains; deux monuments d'une belle apparence, construits à l'extrémité de cet emplacement et clos comme une tombe, semblaient privés d'habitants; on voyait çà et là quelques nègres frétillant sur le sable incandescent, comme de gigantesques lézards, ce qui faisait ressembler ce lieu aux solitudes abandonnées d'Héliopolis ou de Balbec. Toutefois cette impression se dissipa promptement à la vue du tricorne d'un gendarme, du pantalon garance d'un tourlourou et de l'habit vert d'un douanier. Ces trois représentants subalternes des autorités constituées de notre belle patrie, agents actifs de la civilisation française dans nos possessions d'outre-mer, vinrent m'offrir leurs services avec une grâce, un empressement qui n'appartiennent qu'aux membres de ces corps hiérarchisés. J'acceptai leur offre obligeante, et me fis conduire à l'hôtel Joinville, qui m'avait été signalé comme l'établissement le plus rapproché du palais du gouverneur. J'avais à peine mis le pied dans ce local qu'il m'arriva comme un parfum caractéristique des brises qui s'échappent des estaminets et des cafés de province de notre beau pays! C'était une odeur de cigare et de punch, à laquelle se mariaient agréablement des cris, des interpellations poussés sur différents tons par les aimables fonctionnaires dont l'administration de la marine dote nos colonies avec une libéralité qui n'est pas assez appréciée.

Ce jour-là même, M. de Lagrené présenta le personnel de la légation à M. le contre-amiral Basoche, vice-roi, par la grâce de M. de Mackau, de Bourbon et de ses dépendances. M. le gouverneur nous reçut avec une aménité parfaite, et madame a

sirer, et nous y fîmes un très bon déjeûner en société des voyageurs qui arrivèrent par la poste en même temps que nous. Car, sur cette plage africaine, tout ce que la civilisation la plus avancée peut mettre à la disposition de l'homme se trouve depuis longtemps établi. C'est que les habitants du Cap ne ressemblent pas à nos impatients compatriotes, qui ne savent poser que momentanément leur tente sur une terre étrangère.

Nos compagnons de table étaient deux hommes vêtus de noir et se ressemblant beaucoup sous ce rapport, mais d'un physique fort différent. L'un, jeune homme de vingt-cinq à vingt-huit ans, avait une figure ronde et enluminée, la plus débonnaire du monde, de grands yeux bruns, sans distinction, et l'obésité des autres parties de son corps laissait deviner la nature la plus pacifique qui se soit jamais prélassée dans la nullité d'un homme de bien. L'autre, au contraire, était un petit homme grêle et mince, sa figure était maigre et osseuse, ses deux petits yeux gris, méchants comme ceux d'un chat, avaient une vivacité extraordinaire, sa lèvre inférieure effilée comme un rasoir et son nez pointu lui donnaient un air insolent, qui ne prévenait pas en sa faveur. On reconnaissait immédiatement que c'était une de ces natures raides, intolérantes, actives, nées pour la lutte, qui se plaisent dans les discussions et les controverses.

Bien qu'arrivés en même temps, nos deux inconnus ne s'adressèrent pas une seule parole pendant le déjeûner; causant rarement avec nous et s'abstenant de prendre part à une conversation générale. Le petit homme s'étant un moment retiré, son flegmatique compagnon nous apprit, en toute hâte, que c'était un missionnaire wesléien; mais lui s'étant trouvé à son tour dans la nécessité de quitter sa place, nous apprîmes du méthodiste, qui vint reprendre la sienne, que c'était un ministre calviniste. Ainsi, nous avions en présence un de ces ardents propagandistes qui vont habiter avec leur femme et leurs enfants les déserts de l'Afrique centrale pour civiliser les Hottentots et les Cafres, et un de ces bons ministres protestants qui se contentent de faire leur prêche le dimanche, de soigner et d'élever paisiblement leur famille, afin d'aller au ciel par la route la plus douce et le chemin le moins accidenté. Il faut bien l'avouer, le premier n'avait pas trop l'air d'un homme de paix et de miséricorde! je crois même qu'il est fort heureux qu'il se soit exalté pour le bien, quelque outré que soit son zèle; car il ne ressemblait que trop à ce procureur du roi qui m'avouait un jour qu'il ne savait en vérité à quoi il eût appliqué son activité, s'il n'eût été occupé à faire prendre les voleurs! Aussi son malheureux compagnon semblait obsédé de son exaltation; sa figure épanouie et souriante, son corps proéminent, étaient mal à l'aise devant les formes grêles et le regard plein d'autorité du méthodiste. Après le déjeûner, nous vîmes nos deux apôtres monter en voiture. Le wesléien prit la droite et le calviniste la gauche; celui-ci détournait la tête et portait timidement son regard vers la terre pour éviter celui de son compagnon; l'autre, au contraire, promenait ses petits yeux en tous sens comme pour rechercher un objet sur lequel il pût exercer son influence. Une jeune fille vint s'asseoir entre les deux propagandistes; je vis aussitôt la main du méthodiste s'étendre vers elle. Le départ de la voiture m'empêcha de voir comment étaient accueillies ses avances.

Pendant que nous nous promenions aux alentours de Haef-Way-House, occupés à examiner les travaux qu'on exécutait pour conquérir sur les sables quelques arpents de terre végétale, nous rencontrâmes un nègre à qui nous adressâmes la parole en anglais; mais le noir ne répondit pas; l'ayant interpellé en hollandais, nous ne fûmes pas plus heureux. « Il ne comprend probablement que le portugais, » observa quelqu'un. A ces mots français, le nègre releva la tête, et nous dit en frappant sur sa poitrine : « Moi nègre de l'Ile-de-France! » Il n'est pas de surprise plus agréable que celle qu'on éprouve lorsqu'après avoir épuisé son recueil phylologique pour se mettre en rapport avec un étranger, on s'aperçoit tout à coup qu'il ne parle que votre langue maternelle. Aussi, après la découverte que nous venions de faire, restâmes-nous quelque temps à causer avec ce pauvre nègre. Son sort n'était pas trop mauvais. Lorsque l'émancipation fut proclamée à Maurice, il partit avec quelques autres nègres qui ne voulaient plus vivre chez leurs anciens maîtres : tous ensemble étaient venus s'établir à Cap-Town, où ils avaient trouvé du travail et où ils vivaient assez heureux.

En quittant Haef-Way-House, nous nous jetons dans l'intérieur des terres. Ce sont partout d'immenses plaines sablonneuses, couvertes de bruyères, la plupart en fleurs; cette végétation où le rose et le blanc dominent, est de l'aspect le plus charmant. Le terrain est si uni qu'on avance au hasard, chacun frayant soi-même sa route; car, si l'on rencontre quelque monticule de sable élevé par les vents, la pesanteur du char surmonte et détruit aussitôt cet obstacle, sur lequel on passe hardiment. Cette disposition du sol rend les voyages, dans l'intérieur, très faciles. Parfois, une chaîne de montagnes semble vous barrer le passage; mais on découvre en avançant qu'elle est interrompue sur quelque point, que les voitures et les attelages peuvent traverser aisément. On peut voyager ainsi du Cap jusque dans la Cafrerie, avec un char semblable à celui qui nous transportait. C'est le mode de locomotion presque exclusivement adopté dans ce pays, où la chaleur parfois excessive rend fort pénibles les courses à cheval.

Notre présence n'interrompit pas leur entretien. Madame B..... passait, à Bourbon, pour une femme d'un esprit supérieur; à Paris, elle aurait été parfaitement élégante, rien de plus. Tandis que nous suivions à grand'peine une conversation languissante, madame B..... frappa des mains; c'est à Bourbon la manière d'appeler les gens. Une des suivantes bronzées, qui travaillait à l'extrémité du salon, se leva aussitôt. Je m'aperçus alors que cette belle mulâtresse, bien vêtue d'ailleurs, presque parée avec sa jupe de guingamp et son fichu de crêpe de Chine, n'avait ni bas ni souliers. Sur un ordre de sa maîtresse, elle se disposa à sortir; mais, avant de traverser le jardin, elle prit une ombrelle de soie ponceau, l'ouvrit, pour se garantir du soleil, et sortit ainsi pieds nus dans la rue, peut-être pour aller faire une commission à l'autre extrémité de la ville. J'appris alors qu'en ce pays l'usage des chaussures est exclusivement réservé aux individus libres; la coutume et la loi le veulent ainsi. De là cette expression si souvent employée par les nègres qu'on loue de leur intelligence : « A moi, Monsieur, il ne manque que des souliers ! »

Je visitai dans cette même journée les trois établissements les plus remarquables de Bourbon : le jardin botanique, l'hôpital et le collége.

VI.

Après avoir jeté ce premier et rapide coup d'œil sur la ville de Saint-Denis, nous dûmes nous rendre chez M. le gouverneur, où l'aristocratie de la colonie avait été invitée pour fêter la Saint-Philippe.

L'hôtel du gouverneur est un véritable palais, élevé entre deux jardins qu'arrosent des eaux vives et où s'épanouit une magnifique végétation. Le vestibule, pavé en marbre, donne accès à un double escalier d'une construction hardie; une légère colonnade soutient la varande, qui règne sur toute la façade et abrite les appartements intérieurs des rayons du soleil.

On sent, en voyant ce monument, qu'à l'époque où il fut construit, Bourbon était une des portes de l'Inde française, qu'il date de ce temps où nous commandions dans les Indes-Orientales, où des hommes qui ont laissé une grande renommée administraient nos possessions de Bourbon et de l'Ile-de-France : c'est comme un souvenir, un vestige de notre ancienne grandeur, de notre puissance perdue.

La foule des invités envahissait les salons, et ce ne fut pas sans peine que je parvins à aborder M. le gouverneur et madame la gouvernante. Un quart d'heure plus tard on passa à table. L'aspect de la salle à manger était réellement magnifique, c'était comme nos plus beaux dîners officiels. Une singularité me frappa surtout : des Pions indiens de la côte de Malabar, aux cheveux flottants, à la peau d'un noir mat, vêtus d'une courte tunique blanche et coiffés d'une espèce de turban, faisaient le service avec une gravité respectueuse. Chaque invité avait en outre derrière lui un esclave nègre plus ou moins vêtu, lequel ne s'occupait que de son maître.

J'étais placé à côté de M. le curé de Saint-Denis, dont la conversation intéressante me fit supporter patiemment l'ennui de ce dîner officiel. Nous abordâmes bientôt un sujet fort délicat et tout *palpitant d'actualité*, comme on disait jadis : nous parlâmes de l'émancipation !...

Sans partager les opinions du clergé brésilien, le bon curé, en sa qualité de prêtre catholique, n'était nullement abolitionniste, je lui en demandai la raison, la voici, elle est fabuleuse : Les nègres, me dit-il, ne sont pas *encore* assez profondément religieux ; à peine sont-ils émancipés qu'ils refusent d'accomplir leurs devoirs de catholiques, *sous le prétexte qu'ils sont libres et qu'ils agissent comme leurs anciens maîtres !*

Il semblerait qu'une pareille réponse, qui n'est pas dénuée de bon sens et d'un esprit d'observation semblable à celui des enfants, dût engager les prêtres à moraliser tout autant les maîtres que les esclaves, pour que les premiers pussent leur prêcher d'exemple, prédication bien plus vivante que celle de sermons pour eux incompréhensibles ; mais comme les colons ne sont pas soumis à l'alternative du fouet ou de la confession, ils se dispensent d'écouter les homélies de M. le curé, et se soucient fort peu de la dégradation réelle de leurs esclaves, pourvu qu'ils fassent les travaux de la sucrerie.

Au reste, M. le curé avait des opinions que je partage sur l'influence du moral sur le physique ; il m'assurait que la négresse, par le fait d'une éducation chrétienne, en acquérant le sentiment de la pudeur, gagnait en grâce et en beauté ; que ses grands yeux noirs modestement baissés vers la terre, étaient bien plus séduisants que les regards ardents de ces espèces de brutes éhontées que l'esclavage déprave. Mais tout cela ne pouvait me convaincre de l'inopportunité de l'émancipation. Il est vrai que M. le curé avait, par devers lui, des raisons plus touchantes que celles qu'il voulait bien me donner.

Le bon père a des esclaves, et, comme tous les prêtres de nos colonies, il redoute une mesure qui réjouirait peut-être son cœur de chrétien, mais qui léserait ses intérêts de propriétaire. Espérons que tôt ou tard la papauté fera cesser cette lutte du devoir et de l'intérêt en interdisant au clergé colonial la possession de cette marchandise humaine.

La soirée se termina bien avant dans la nuit ; car le jeu a d'ir-

teur nous entraîna mystérieusement devant une maison d'assez belle apparence, il en fit le tour, frappa trois coups avec précaution à une porte très basse, d'où sortit un gaillard au teint cuivré, souple comme un serpent, bien posé sur deux jambes nerveuses, vêtu d'un pantalon serré autour des reins par une ceinture rouge, la tête découverte et les bras croisés sur sa poitrine nue. S'étant posé vis-à-vis du docteur, le nouveau-venu lui demanda, d'une manière assez brusque, le sujet de sa visite un peu tardive.

— Savez-vous, lui répondit M. Versfeld, ce qu'est devenue la tête de l'Indien que vous avez pendu il y a un an?

A ces mots, nous reculâmes d'un pas, car le hardi coquin qui était devant nous était, Dieu nous pardonne, le bourreau! un vrai bourreau, un bourreau de drame et de roman, avec de la résolution dans le regard et une énergie dans le poignet qui devait solidement le seconder dans l'occasion. Il répondit d'un ton fort calme :

— Ordinairement, après l'opération, je ne m'informe guère de ce que devient le personnage. Je crois cependant que celui-ci a été écorché par le docteur N..., à qui le greffier a réclamé une tête dont il s'était frauduleusement emparé ; elle est maintenant parmi les pièces de conviction.

Quelques minutes après, nous étions au greffe, conduits par le geôlier de la prison, qui cumule ces fonctions avec celles de concierge du tribunal, et nous avions devant nous la tête de l'Indien à qui je devais, en bonne conscience, celle du Hottentot dont la possession me rendait si heureux.

Ce n'est pas tout, nous dit le docteur : comme il serait imprudent de vous endormir avec des images de destruction et de mort, car les rêves de notre sommeil reflètent presque constamment nos dernières impressions, je vais, pour vous distraire de trop sombres pensées, vous montrer la nature vivante dans sa force, sa grâce et sa beauté.

Et, toujours éclairés par les rayons de la lune, qui n'avait pas voilé sa face blanche et candide, pendant notre diabolique excursion, nous nous acheminâmes vers une espèce de bouge, où l'on répondit à l'appel du docteur par une espèce de grognement prolongé; puis nous vîmes apparaître une masse noire, puante, dont nous considérâmes les traits. C'était une Hottentote d'une quarantaine d'années, les ailes du nez fortement dilatées, les yeux obliques, les pommettes saillantes, le teint plutôt olivâtre que noir; et, en continuant à l'examiner avec la plus scrupuleuse attention, je me trouvai, à ma grande admiration, en face d'une partie saillante, dont la masse graisseuse ne sera jamais qu'imparfaitement imitée par la crinoline d'Oudinot. Je fus obligé d'y toucher à deux fois pour y croire. Nous quittâmes le docteur bien avant dans la nuit, charmés de son obligeance et de sa piquante originalité.

Les environs de Stélemboch sont admirablement cultivés : la persévérance des Hollandais, leur amour du bien-être, en ont fait un pays des plus productifs. Des canaux d'irrigation mettent à profit les moindres cours d'eau ; d'abondants pâturages les mettent en état de nourrir de nombreux troupeaux, d'élever des mulets, des chevaux et des bœufs, tandis qu'une autre partie du sol leur donne du blé comme celui de la Beauce, des fruits comme ceux des environs de Paris, et surtout du vin qui s'exporte dans l'intérieur et dans l'Amérique du Nord. Le vin qu'on fabrique à Stelemboch est connu sous le nom de vin du Cap. Il n'a aucun rapport avec les différentes espèces de constance ; il se rapproche davantage du ténériffe ou du madère, sans les égaler toutefois.

Le lendemain de notre arrivée à Stelemboch, nous fûmes visiter une ferme des environs qui peut donner une idée de ces charmantes habitations que savent créer, loin de la civilisation européenne, les Anglais et les Hollandais, nos maîtres, je voudrais dire nos émules, en fait de colonisation. La ferme de M. Van-Dyse est située à une petite distance de Stelemboch, dans un lieu appelé Vilbetoon ; elle se compose d'une immense étendue de terrain en vignes, et d'une étendue plus immense encore en prairies. On élève chez M. Van-Dyse, non seulement des bêtes de trait, mais encore des chevaux de course d'une élégance et d'une beauté parfaites ; on y fait une énorme quantité de vin, et, comme dans les grandes exploitations bien dirigées, on y met à profit toutes les parties de la récolte. A cet effet, le propriétaire a établi une distillerie, pour retirer les dernières molécules d'alcool qui ont échappé à l'action du pressoir et qui sont restées dans le marc du raisin.

L'habitation du riche colon est une véritable maison de plaisance : elle est entourée d'un charmant jardin renfermant des plantes, des arbustes de tous les pays, ombragé par des chênes et arrosé par un joli ruisseau. Lorsqu'on entre dans le salon, on est étonné du luxe de l'ameublement et du bon goût qui a présidé à son choix. De charmantes aquarelles tapissent les murs, des statuettes délicieuses couvrent la cheminée, et, sur un charmant guéridon en laque, qui supporte un beau cheval de marbre blanc, on trouve une collection de kepseakes, de dessins, de caricatures, de journaux, de brochures, qui vous fait vous demander si on n'est pas à quelques lieues de Londres ou de Paris. La garde de la maison est confiée à une meute de superbes chiens ; ces magnifiques animaux ont le privilége d'entrer et de s'asseoir partout ; ils usent de leur droit avec un abandon qui fait l'éloge de la charmante personne qui les a pris sous sa protection.

ces nobles blancs, la plus petite trace de sang nègre équivaut à un déshonneur complet, et celui qui est ainsi entaché ne saurait être admis dans leur intimité ni même fréquenter les maisons dans lesquelles ils se rassemblent. Cette horreur pour le sang nègre est telle, que si, dès son arrivée dans l'île, un gouverneur voulait braver l'opinion publique et accueillir des mulâtres ou des descendants de mulâtres chez lesquels il est impossible de reconnaître le moindre vestige d'une origine éthiopienne, son palais serait bientôt désert et les familles influentes de l'île cesseraient de s'y montrer.

Toutefois, il faut bien le dire, cette répulsion n'est pas réelle, c'est un calcul hypocrite; les colons ont adopté ce préjugé par intérêt, pour pouvoir retenir impudemment en esclavage des êtres qui ont la peau plus lisse et plus blanche que la leur et qui fort souvent sont les enfants de ceux-là même qui les retiennent dans cet état abject, ou tout au moins de leurs fils ou de leurs amis.

Les habitants que l'amour du gain amène dans ces contrées, tous ces hardis aventuriers, ces bohémiens courageux, dont la race ne remonte guère qu'à une génération, ne sont ni moins âpres ni moins injustes envers les nègres et les mulâtres, qu'ils confondent dans une égale répulsion.

Comme dans toutes les petites nations, dans tous les petits états, il existe à Bourbon certaines dynasties qui exercent tour à tour un pouvoir absolu, suivant que les chefs savent s'emparer de l'esprit du gouverneur nouvellement arrivé. Il ne peut guère en être autrement : un marin qui est tiré de son bord, où il commande avec distinction peut-être à quelques centaines d'hommes dressés à la discipline, sent son impuissance lorsqu'il est appelé à régir une société avec tous ses éléments et à concilier les intérêts de ceux qui la composent; alors, effrayé de sa tâche, il se jette dans les bras de ceux qui l'entourent et qui sont toujours prêts à lui offrir leur concours en se réservant la meilleure part dans le gouvernement. Mais si, au lieu d'envoyer dans ces pays lointains des administrateurs inexpérimentés, qui n'ont aucune connaissance des hommes, au contact desquels ils n'ont pas pu perdre la rudesse inséparable de leur métier, on envoyait des fonctionnaires ayant déjà fait leurs preuves dans nos départements, ou ayant tout au moins vécu dans les hautes régions politiques, ils se déroberaient probablement à ces influences pernicieuses des coteries, et par cela même ils ne seraient pas taxés avec quelque apparence de raison d'incapacité, de faiblesse et de coupable condescendance.

En vérité, je suis étonné que, dans ce siècle, d'ambition les hommes qui, par leur position, pourraient être appelés à l'honneur de gouverner nos colonies n'aient pas protesté contre cet envahissement des marins dans l'administration des affaires de nos possessions d'outre-mer; et cela dans leur intérêt, dans celui de la métropole et de nos colonies elles-mêmes, qui, après tout, je le suppose peut-être gratuitement, doivent être fatiguées du système qui les régit. Sur cent marins décorés du titre souverain de gouverneur, je suis convaincu qu'il est difficile de signaler un administrateur éclairé; sur un nombre égal de préfets, de chargés d'affaires, de conseillers d'état ou tous autres fonctionnaires civils, on rencontrerait infailliblement cinquante personnes très capables de remplir la mission qu'on leur confierait. D'ailleurs l'habit brodé d'un préfet en dit plus pour la civilisation, la suite régulière des affaires, que les plus brillantes épaulettes de notre armée de terre et de mer.

En dehors du jeu, les colons ne recherchent guère de distraction qu'auprès de leurs jeunes esclaves, de ces belles mulâtresses qui leur inspirent souvent des passions désordonnées. Lorsqu'ils subissent l'influence de ces brunes beautés, ce n'est pas un amour tendre et dévoué qui les domine, mais une passion brutale. Ils redoutent de voir l'objet de leur convoitise dans la possession d'un autre; et, pour se l'approprier, ils se résignent aux plus durs sacrifices. Les belles filles ardemment désirées par ces hommes, sont très souvent un objet de spéculation pour ceux qui les possèdent comme esclaves; quelle que soit leur position sociale, lorsqu'ils savent qu'elles sont poursuivies par un homme riche ou influent, ils s'en servent comme d'un moyen pour arriver à certaines fins, ou bien ils leur assignent un prix exorbitant!

Ce sont ordinairement ces penchants irrésistibles qui établissent entre l'esclave et le maître une véritable égalité, disons mieux, qui intervertissent les rôles. Si la jeune fille est assez adroite pour lutter avec de violents désirs et les irriter par des refus, le délire qu'elle fait naître ne connaît plus de bornes, surtout si le maître a quelques raisons pour croire que, malgré son droit, un autre lui est préféré.

Ce qui rend d'ailleurs excessif l'amour que les colons affichent pour leurs jeunes esclaves, c'est la comparaison qu'ils peuvent établir entre les dames créoles et les mulâtresses; comparaison qui est tout à l'avantage de ces dernières. Les premières sont, il est vrai, d'adorables statues, d'une perfection idéale sous leurs élégants vêtements; mais elles n'ont jamais la souplesse élégante des secondes, elles n'ont jamais ces belles chairs élastiques et fermes, qui n'ont pas besoin d'être emprisonnées dans des liens pour conserver la position anatomique que la nature leur a assignée; elles n'ont jamais ces yeux ardents, frangés de longs cils, et entourés de cette auréole noire, qui donne au regard tant de douceur et qu'imitent avec des poudres brunes les femmes aimées de l'Orient. Le pied des créoles n'a jamais cette élégance et cette perfection qui fait ressembler les mulâtresses à des Dianes chasseresses; il n'est pas jusqu'au patois créole que parlent ordinairement les femmes de couleur; charmant langage ressemblant aux premiers mots que gazouille un enfant, qui n'ait dans leur bouche un attrait piquant, contre lequel le mutisme à peu près constant des dames créoles ne saurait lutter.

J'ai dit que c'était une erreur de croire que les femmes des pays tropicaux éprouvent ces passions ardentes dont les ont dotées les poètes et les romanciers; et, j'en suis convaincu, les mulâtresses ne subissent pas plus que les dames créoles l'empire des grandes passions. Mais, si, au fond du cœur, elles restent impassibles et froides, personne mieux qu'elles ne sait irriter les désirs et donner le change à l'imagination; aussi leur présence est un obstacle à l'influence que les dames, à Bourbon, pourraient exercer sur la société. Le rêve d'un adolescent, la satisfaction que l'âge mûr se procure avec la plus grande avidité, c'est la possession d'une mulâtresse.

J'ai vu des hommes sensés, dominés par ce charme fatal, oublier, pour obtenir les faveurs de ces femmes, et leur considération et leur position officielle, et les enfants issus d'une union légitime et leur fortune elle-même. Mais il est une preuve d'affection qu'aucun d'eux ne saurait donner à ces pauvres femmes, c'est de contracter avec elles ce qu'on appelle une mésalliance. Cet acte consciencieux les rendrait la risée de tous, et leur amour ne saurait braver cette épreuve. C'est que leur amour n'est pas une passion réelle, et que le feu qui les consume s'éteint par la crainte du ridicule. Cette crainte d'ailleurs n'est que trop juste. Celui qui braverait l'opinion à cet égard serait exclu de la société créole; il aurait l'indicible souffrance d'entendre répéter autour de lui que cette femme qui l'a séduit, à laquelle il s'est uni à la face du ciel et de la terre, fut touchée jadis par les fouets de la geôle, et qu'un brutal exécuteur a flétri ce corps charmant avant qu'il lui appartînt. Si ce n'était cette raison, très certainement on verrait souvent de ces alliances du maître et de l'esclave; car la plupart des affranchissements dont on parle si souvent, en exaltant la générosité des colons, n'ont d'autre cause que ces liaisons brutales, à moins que ces hommes généreux n'exercent leur droit sur leurs propres enfants, ce qui se voit quelquefois.

VII.

Le 9 mai, à quatre heures du matin, M. et madame de Lagrené, accompagnés de quelques membres de la légation, quittèrent Saint-Denis, pour faire une excursion dans l'intérieur de l'île. Il était nuit encore lorsque nous montâmes en voiture devant le palais du gouverneur. Pourtant la fraîche brise qui accompagne l'aube commençait à souffler.

La route que nous suivions côtoyait le rivage ; la marée montante battait ces grèves solitaires, dénuées de toute végétation, le bruit rauque et profond du flot roulant sur les galets interrompait seul le silence de la plage. Le jour se fit enfin ; nous quittâmes alors le bord de la mer pour prendre le chemin qui conduit, à travers les terres, jusqu'à l'habitation de M. P....., riche colon, qui avait invité M. l'ambassadeur à venir visiter ses domaines.

M. P....., nous fit une splendide réception. La demeure de ce haut baron industriel ne rappelait point les manoirs de nos anciens seigneurs, pourtant on retrouvait chez lui quelques-unes des magnifiques habitudes de l'hospitalité féodale. A peine eut-on signalé l'apparition de nos voitures dans l'éloignement, que le tintement d'une cloche annonça sur toute l'habitation notre arrivée. Une troupe de nègres vint au-devant de nous ; le maître de la maison, entouré de sa famille, parut sur les premiers degrés de la varande, pour recevoir M. l'ambassadeur. Tandis que M. P....., introduisait M. et madame de Lagréné dans l'intérieur de l'habitation, on nous conduisait aussi au logement qui nous était destiné.

Nous traversâmes le grand jardin qui s'étendait devant la maison, en suivant des sentiers bordés d'hibiscus aux fleurs rouges et de cassia aux longues grappes jaunes ; des coléoptères aux élytres brillants volaient bruyamment autour de ces charmilles embaumées, et un beau papillon, fort commun dans ces climats, aux ailes noires, frangées de rouge, plongeait sa trompe entre les étamines jaunes de l'hibiscus. Au delà du jardin s'élevait, sur la lisière d'un petit bois de manguiers, un délicieux pavillon, qui allait être notre habitation provisoire. Les branches entrelacées de ces arbres formaient un dôme de verdure, sous lequel régnait un frais crépuscule, et mettaient cette jolie retraite tout à fait à l'abri de la chaleur et de la lumière ardente des tropiques.

C'est là que je pris gîte avec mes compagnons de voyage et en société de MM. les commandants de la *Victorieuse* et de la *Sirène*, que nous eûmes le plaisir de rencontrer chez M. P..... Le séjour de cette maisonnette était une précieuse jouissance. La brise qui circulait continuellement sous les manguiers y entretenait une fraîcheur délicieuse, tout imprégnée du léger parfum des fleurs. Les rameaux entrelacés qui s'abaissaient devant les fenêtres de la façade servaient de varande, et protégeaient contre les rayons du soleil le toit bas et presque en contact avec le plancher des appartements. Sans cette espèce de tente naturelle, notre demeure aurait, au contraire, ressemblé à la fournaise dans laquelle le prophète Daniel glorifiait le seigneur; car, sous ces latitudes, toute construction exposée directement à l'action solaire atteint une temperature où ne peuvent vivre que les nègres et les salamandres. J'ai volontiers passé quelques heures au fond de ce pavillon frais et sombre, livré à la rêverie et m'abandonnant aux songes qu'on aime à poursuivre dans un repos nonchalant, à travers la légère fumée des chirutos de Manille.

Vers dix heures, un excellent déjeûner, dont madame P..... fit les honneurs avec une grâce parfaite, réunit tous les hôtes de l'habitation. Les coins de la table étaient ornés de gigantesques pyramides de goyaves, d'anones, de pommes cannelles, d'ananas, et de jambosiers à l'odeur de rose entremêlés, en guise de pampre, de géraniums et de jasmin d'Espagne. Nos regards s'arrêtèrent d'abord sur ces fruits magnifiques, dont plusieurs nous étaient inconnus, et auxquels nous fûmes d'autant plus charmés de goûter, que la sensualité créole ne nous soumit pas exclusivement à cette nourriture pythagoricienne et que des mets plus substantiels nous furent offerts. Le déjeûner était servi tout à fait à l'européenne, les maîtres suivaient scrupuleusement les usages de la métropole; aussi fus-je très étonné, plus tard, lorsque, de nouveau réuni à des dames créoles, je m'aperçus qu'elles ne mangeaient pas de pain. Elles prennent ordinairement sur leur assiette une profusion de riz bouilli; elles entassent sans distinction sur cette première couche les différents mets servis devant elles, se souciant peu de la diversité de leur saveur, et ajoutant au tout les inévitables condiments auxquels les palais européens ne sauraient s'habituer, les achars, le piment rouge, la poudre de kari. J'avoue qu'elles me rappelaient ainsi les Arabes réunis devant un plat de kouskoussou: la seule différence, c'est que l'élégante dame créole porte nonchalamment le riz à sa bouche avec une cuiller d'argent ciselée; tandis que le Bédouin plonge tout simplement les doigts dans la pâte substantielle et compacte. Lorsque nous quittâmes la table, nos voitures étaient déjà attelées. Nous partîmes pour aller visiter la Nouvelle-Espérance, vaste usine située à quelque distance de l'habitation de M. P.....

Les champs que nous traversions, entièrement complantés de cannes, avaient l'aspect de nos terres à blé. L'uniformité de ces grandes cultures donne au paysage un singulier caractère de tristesse et de monotonie; mais cette puissante manifestation du travail de l'homme, qui répand partout la fécondité et la vie, ne saurait fatiguer ni la pensée, ni le regard. Le paysage était d'ailleurs animé par de nombreux groupes de travailleurs. Des nègres nus jusqu'aux reins, chaussaient les pieds des jeunes plants, en amoncelant la terre sur la partie inférieure des tiges, au moyen d'une pioche armée d'un manche élevé, qui leur permettait de travailler sans trop s'incliner; des négresses enlevaient les feuilles desséchées et les herbes parasites qui nuisaient au développement de la canne. Mais ces travaux s'accomplissaient sans élan. Il n'y avait dans le cœur des esclaves ni bonne volonté ni espérance; on le voyait, ils n'attachaient aucune pensée d'avenir à ce labeur forcé, dont le résultat ne devait rien ajouter à leur bien-être. Un surveillant, vêtu du costume que les peintures populaires attribuent aux colons, avec le pantalon aux larges raies rouges et bleues, la veste blanche et le chapeau de palmier aux larges bords, promenait au milieu d'eux son visage sévère; mais cette surveillance les maintenait à la tâche sans exciter leur zèle.

La Nouvelle-Espérance est une immense sucrerie, où l'on se sert d'ustensiles rejetés en France comme défectueux depuis plus de dix ans. Il faut bien le dire, un appareil hors d'usage dans les raffineries du Havre où de Marseille, est encore, aux yeux des colons un instrument perfectionné; et ceux qui fonctionnent à la Nouvelle-Espérance sont de beaucoup supérieurs aux antiques moulins, aux vieilles marmites, dont l'usage s'est perpétué jusqu'à ce jour sur beaucoup d'habitations. M. N....., l'un des possesseurs actuels de cet établissement important, prit la peine de nous le montrer dans tous ses détails, et de nous en expliquer l'origine. Il nous expliqua que c'était un de ses amis, homme intelligent et énergique, qui avait fondé la Nouvelle-Espérance, avec la pensée d'en faire une fabrique centrale, dans laquelle les petits planteurs devaient apporter leurs récoltes et fabriquer leur sucre, évitant ainsi des frais de manutention écrasants pour l'habitant qui ne possède pas un grand domaine.

— Mon ancien associé et mon ami, M. Vincent, était venu jeune à Bourbon, me dit-il; il y aurait fait certainement une grande fortune; il avait des idées capables d'opérer une révolution dans l'industrie sucrière de ce pays; mais une mort prématurée et terrible a détruit nos espérances et nos projets; je tâche pourtant de continuer l'œuvre commencée, et déjà j'ai la satisfaction de voir que la plupart des produits des plantations voisines sont manipulés ici.

M. N... avait prononcé d'un ton si triste le nom de son ancien associé, que j'eus la curiosité de savoir ce qui se rattachait à la fin prématurée de cet homme regretté; je m'adressai à un vieux nègre esclave, qui répondit à ma question très nettement formulée: « Sais pas ça, moi, Monsieur. » Un de ses compagnons, que j'interrogeai aussi, tourna sur moi son œil terne et articula en remuant à peine ses grosses lèvres : « Monsieur, moi sais pas ça! » Ces deux malheureux, attachés depuis bien des années à l'habitation, avaient été témoins cependant du tragique événement dont j'appris le soir même les détails.

Les sucriers sont obligés, chose assez singulière, de surveiller leurs produits pour en altérer la qualité; ils s'appliquent à faire du mauvais sucre, parce que, s'ils envoyaient à la métropole de trop beaux produits, la sage administration des douanes en interdirait l'entrée, sous le prétexte inouï que la marchandise est trop belle; une pareille mesure s'appelle, en argot administratif, protéger l'industrie française! C'est-à-dire que les producteurs coloniaux sont forcés de transformer une partie de leur sirop en sucre incristallisable, en mélasse, afin que les raffineurs français fassent subir de nouvelles opérations à ce produit. En définitive, c'est le consommateur qui paye tous ces frais de manipulation. Il est vrai que très anciennement on ignorait que la mélasse fût le produit vicieux de mauvais procédés opératoires, et l'on exigeait raisonnablement que les colons ne raffinassent pas leur sucre pour maintenir à la métropole une lucrative industrie. Mais aujourd'hui que la science a éclairé le gouvernement, en démontrant qu'on peut obtenir avec moins de temps, à meilleur marché, un sucre de bien plus belle qualité que ces produits altérés connus sous le nom de cassonnade, sera-t-il long-temps possible d'obliger les colons à altérer leurs produits pour la plus grande prospérité des raffineurs français?

En sortant de cette usine, nous descendîmes sur une habitation située sur le bord de la mer. Cette possession était gérée par un jeune homme, qui avait adopté, pour la fabrication du sucre, un procédé nouvellement inventé dans la colonie. Ce système consiste dans une rangée de chaudières communiquant les unes avec les autres; le sirop, en se concentrant par l'évaporation, se rend, au moyen de l'inclinaison ménagée à la surface, dans le dernier récipient, où il acquiert promptement le degré de concentration nécessaire à sa cristallisation. Cette invention, qui a certainement un avantage sur les anciennes méthodes, est encore bien imparfaite, si on la compare aux procédés appliqués en France.

Nous traversâmes l'emplacement sur lequel étaient disposées irrégulièrement les cases à nègres. La plupart avaient un petit jardin, où croissaient pêle-mêle des ignames et des bananiers. Ces misérables demeures semblaient abandonnées; les toits de feuilles de palmier étaient effondrés et pourris par la pluie; les mauvaises herbes étouffaient les plantes nourricières; tout cela était plus triste, plus désolé que des ruines. J'entrai dans un de ces chenils; il y avait par terre une natte; pas un vêtement, pas un ustensile de ménage : c'était là pourtant l'habitation d'une famille entière. En présence de ce dénûment, de cette absence totale de tout ce qui constitue le bien-être, je pris la liberté de demander au maître comment il se faisait que les malheureux nègres n'eussent pas seulement un lit pour se coucher.

— Un lit! et pourquoi faire! me repondit le philantrope habitant; dans ce pays un lit leur serait inutile.

Je voulus lui faire comprendre alors que, dans son intérêt même, mieux vaudrait que l'esclave couchât sur quelques planches placées au dessus du sol que sur la terre humide, mais je m'aperçus qu'on ne daignait pas même m'écouter.

En nous retirant, nous passâmes devant une hutte dont l'extérieur était propre et soigné ; le jardin était bien tenu, les diverses cultures formaient de petits carrés que les plantes parasites n'avaient pas envahis, au fond du jardin il y avait un poulailler bien peuplé. Le colon me prit alors par le bras et me dit :

— Les nègres sont des brutes ; s'ils ne sont pas plus commodément dans leur case, c'est qu'il préfèrent le rhum à un ameublement commode. Lorsque parfois quelques-uns d'entre eux veulent se procurer ces douceurs que vous regrettez de ne pas rencontrer dans leurs demeures, ils y parviennent aisément ; avec un peu d'ordre et d'économie la chose est facile, car nous sommes, après tout, leurs pères plus que leurs maîtres. Je vais vous le prouver.

Et ce disant il m'introduisit dans la maisonnette qui venait d'attirer mes regards. Tout en effet y était propre et rangé, le sol bien uni était parfaitement sec, une petite alcôve abritée par une moustiquaire renfermait un lit composé d'une natte et d'un pan d'étoffe aux vives couleurs ; devant la fenêtre flottait un léger rideau ; sur une étagère on avait soigneusement disposé quelques ustensiles de ménage en terre coloriée ; un coffre en bois, destiné à renfermer des vêtements, était placé dans un coin à côté d'une table, dont le tiroir contenait peut-être un petit pécule. Cette jolie cabane était habitée par une jeune négresse, laquelle, lorsque nous entrâmes, cousait silencieusement assise devant la fenêtre, chose rare assurément dans une case à nègres. La jeune esclave portait un jupon bleu de toile de coton, et un grand fichu blanc était modestement croisé devant sa poitrine. Notre présence ne parut nullement l'intimider ni l'étonner; elle tourna à peine sur nous son grand œil inintelligent et mélancolique, puis, sans s'occuper davantage de nous, elle continua silencieusement son ouvrage. L'aspect de cet intérieur, dont des habitudes laborieuses semblaient avoir banni la pauvreté, faillit me convaincre des assertions de mon guide créole ; mais je fus promptement détrompé. Cette jeune fille au maintien modeste était l'esclave favorite de l'administrateur de l'habitation : je venais de voir non les résultats de l'ordre, du travail, mais le prix des faveurs intéressées de cette noire beauté.

On nous servit des rafraîchissements sous la varande ; assis à l'ombre de cette galerie en plein air, nous entendions le remous du flot qui battait doucement la plage, et nous apercevions à travers les branches des philaos les profondeurs bleuâtres de l'Océan. Le philao est un conifère originaire de la Nouvelle-

Hollande, qu'on a acclimaté à Bourbon et dont on se sert pour former des rideaux destinés à protéger les plantations contre la violence du vent. Son ombre légère ne saurait nuire aux espèces végétales auprès desquelles il vit, ce qui le rend précieux dans ces contrées. Cet arbre élancé, aux feuilles découpées, réunit à la grâce élégante du bouleau la mélancolique physionomie du cyprès et du saule pleureur. Nous n'avons dans nos bosquets aucun arbre qui embellisse le paysage comme ce conifère gracieux. Lorsque la brise souffle à travers les longues allées qui bordent les champs de cannes, et courbe la tête du philao dont les petites feuilles tremblent et frissonnent, une plainte harmonieuse semble s'exhaler entre ses rameaux.

Le soleil baissait à l'horizon lorsque nous reprîmes le chemin de l'habitation de M. P..... Nous rencontrions des nègres rentrant de leurs travaux, silencieux et mornes. Il n'y avait sur ces physionomies ni l'expression que donne la satisfaction du devoir accompli, ni la gaîté qui résulte d'une tâche bien remplie. On ne voyait dans ces groupes ni femmes ni enfants, ces gais oiseaux dont les gazouillements font oublier les souffrances d'un long labeur. Quelle différence entre l'allure triste des travailleurs esclaves et le contentement des cultivateurs de nos plus pauvres villages rentrant dans leur famille après les travaux d'une rude journée!

Nous trouvâmes l'habitation de M. P..... envahie par une foule d'invités. Le couvert était dressé sous la varande ; l'immense table, servie avec l'élégance parisienne et la magnificence créole, était éclairée par une profusion de bougies placées dans des candélabres d'argent et abritées par des verrines. On dîna bien et longtemps. Lorsqu'on eut passé dans le salon, les dames se mirent au piano. On dansa jusque bien avant dans la nuit. Enfin tout se passa ni plus ni moins que dans un festin et un raout parisiens. Le piano a fait le tour du monde, c'est un fait accompli. Il n'est pays si barbare où il ne se trouve quelque jeune dame possédant le fatal talent de tirer des sons de cet instrument le plus souvent discord. Weber et Schubert ont le triste privilége d'accompagner ordinairement le piano dans ses pérégrinations. Fonde-t-on une colonie, le piano débarque en même temps que les ustensiles nécessaires au nouvel établissement ; et en quelque lieu du monde que le voyageur s'arrête maintenant, il est forcé de subir un déluge de notes aigres, souvent accompagnées de cris auxquels la politesse française donne le nom de chant. C'est sutout à Bourbon que l'influence du piano se fait généralement sentir. Il n'est pas de demoiselle qui n'apporte à son mari, outre sa personne et sa dot, quelque contrefaçon de Pape et d'Érard ou de Boisselot. Il est vrai que le fatal instrument compte pour deux mille francs dans l'apport de la mariée. C'est cher assurément ; mais c'est un usage invariablement établi par les pères d'outre-mer. Ils ne voudraient pas marier leur fille sans se défaire en même temps de la machine bruyante que la mode, bien plus que le goût de la musique, a introduite dans les salons de la colonie.

Tandis qu'on dansait dans le salon, j'allai retrouver, sous la varande, le propriétaire de la Nouvelle-Espérance, ce M. N..... qui nous avait fait un si grâcieux accueil. J'étais, je l'avoue, poursuivi par une secrète curiosité, et je désirais l'interroger sur le sort de cet ancien associé, de cet ami qu'il semblait regretter si vivement.

— Hélas! Monsieur, me répondit M. N....., tout le monde ici connaît cette histoire funeste, mais personne peut-être ne pourrait comme moi vous en rapporter toutes les circonstances. Ainsi que je vous l'ai dit, j'ai été, pendant plusieurs années, l'associé, l'ami de M. Vincent. La sympathie de caractère et des intérêts communs nous avaient étroitement liés. Vincent n'était pas créole et sa première éducation s'était faite en France. Lorsque le moment fut venu d'embrasser une carrière, il fit comme moi, comme tant de jeunes gens qui, trouvant que l'on gagne trop lentement le vieil argent d'Europe, viennent tâcher de faire fortune aux colonies. C'est toujours la même histoire, l'histoire de ces enfants de famille qui préfèrent une carrière aventureuse à la médiocre position qu'ils pourraient se faire commodément dans la mère-patrie, et qui, lorsqu'ils ne meurent pas à la peine, réussissent infailliblement dans leur entreprise.

Les hommes de la trempe de Vincent ne succombent pas sous l'influence du climat et l'excès de travail; sa robuste organisation et son activité suffisaient à tout. Au bout de quelques années, nous avions fondé la Nouvelle-Espérance; cette grande usine prospérait, toutes nos espérances se réalisaient rapidement. Vincent s'était marié; sa femme appartenait à l'aristocratie créole, et elle lui avait apporté une belle dot. Au lieu de demeurer à la Nouvelle-Espérance, il vivait tantôt sur l'habitation de sa belle-mère, tantôt dans sa maison de Saint-Denis.

C'était une famille des plus heureuses et des plus unies; la fortune avait comblé Vincent de toutes manières; il était riche, universellement considéré; et il avait trouvé dans sa nouvelle famille le bonheur intérieur, qui manque ordinairement aux existences ainsi déplacées.

Cet homme heureux embrassa un matin sa femme et ses enfants, disant qu'il allait me rejoindre à la Nouvelle-Espérance, et promettant d'être de retour le jour suivant. Il passa effectivement la journée à l'habitation, et, vers le soir, nous partîmes ensemble pour Saint-Denis, où il devait passer la nuit. Durant le trajet il m'entretint longtemps de nos affaires communes, et m'expliqua ses idées sur diverses améliorations que nous avions projetées; il me parla aussi avec quelque détail de ses propres affaires, comme s'il eût tenu à me mettre parfaitement au courant de sa situation. Je m'en étonnai un peu, car Vincent était un homme très réservé et qui n'avait jamais rendu compte à personne du résultat magnifique des opérations commerciales qu'il avait seul entreprises.

Nous nous séparâmes en entrant dans la ville. Vincent s'en alla chez lui et se mit au lit assez tard. La même nuit, vers quatre heures, il se leva et sortit sans appeler personne, un nègre l'aperçut descendant la rue du côté de la mer; il passa d'un côté à l'autre pour éviter des matériaux de construction qui embarrassaient la voie publique, et disparut au détour de la rue. Depuis ce moment on ne l'a pas revu.

— Comment! m'écriai-je, cet homme a disparu ainsi!... L'on n'a pu savoir ce qu'il était devenu!

— Non, répondit M. N....., les recherches les plus actives, les plus minutieuses n'ont abouti à rien. Ce n'est guère que deux jours plus tard que la disparition de mon malheureux ami fut constatée. Sa famille ne conçut pas d'abord une grande inquiétude, on ne lui connaissait aucun ennemi parmi les colons; et il était aimé de ses esclaves, dont le sort était fort doux comparativement à celui des autres nègres. On crut à un voyage improvisé, à la négligence de quelque esclave porteur d'une lettre: plusieurs jours s'écoulèrent dans une attente, un espoir qui à chaque moment s'affaiblissait.

Les plus sinistres appréhensions succédèrent à cette vaine espérance. L'on explora alors toute l'île; on fouilla les anfractuosités du rivage; on alla interroger les nègres de toutes les habitations qui avoisinent Saint-Denis. Ces investigations n'aboutirent à rien; Vincent avait bien réellement disparu; on ne le retrouva ni mort ni vivant. Un dernier et bien faible espoir nous restait encore: le jour même où Vincent était sorti ainsi de sa maison pour n'y plus rentrer, il y avait un navire en partance pour Bordeaux; l'on supposa que, par un motif inexplicable, il avait quitté secrètement la colonie. J'écrivis en France, et nous attendîmes en tâchant de nous faire illusion sur le résultat de cette démarche, la réponse, qui n'arriva qu'au bout de huit mois; comme je le prévoyais, elle anéantit notre dernière espérance. Mon pauvre ami n'existait plus, et Dieu seul connaissait l'endroit qui cachait sa dépouille mortelle. Cette fin mystérieuse donna lieu à bien des conjectures: les uns supposèrent que Vincent s'était suicidé parce qu'il croyait sa ruine imminente; d'autres affirmèrent qu'il avait involontairement péri dans sa promenade matinale sur le rivage; un journal de la métropole prétendait que ses nègres l'avaient assassiné, et que son corps, mis en morceaux, avait été consumé sous les chaudières à sucre de l'habitation.

— Et vous croyez qu'aucune de ces suppositions n'approche de la vérité? demandai-je à M. N.....

— Aucune, répondit-il vivement. Et, après un moment de silence, il ajouta : Vincent était un homme très digne, très absolu, très fier ; il apportait dans ses relations avec les colons une certaine raideur qui les choquait. Si l'un de ces hommes, aussi énergique, aussi entier que lui, l'avait insulté dans une discussion à laquelle personne n'aurait assisté, il s'en serait suivi un duel à mort... Ce duel se serait passé comme la querelle, sans témoins... En ce cas Vincent aurait succombé...

— L'on aurait retrouvé son corps, dis-je frappé de cette supposition; l'on aurait aperçu sur le sable quelques traces de sang...

— La marée montante lave chaque jour le rivage, me répondit simplement M. N....., et un cadavre auquel l'on attache une pierre à chaque pied reste au fond de la mer.

VIII.

Nous quittons l'habitation de M. P....., nous gagnons les régions supérieures de l'île. Nous voulons, après avoir parcouru les champs de cannes, les vergers odorants de muscadiers et de girofliers, après nous être arrêtés dans les vastes usines où se manifeste bruyamment l'activité humaine, visiter les solitudes, les sites silencieux que l'homme n'a fait qu'explorer, et dont les sauvages beautés resteront à l'abri des dévastations de l'industrie, comme un ouvrage divin qu'aucun labeur humain ne doit profaner. Le chemin de Salassy, but de notre excursion, côtoie une étroite vallée, au fond de laquelle gronde un rapide torrent ombragé de vieux arbres au tronc noueux, au feuillage épais et sombre. En pénétrant dans cette région élevée, on se croit tout à coup transporté dans quelque froide vallée des Alpes; l'aspect des âpres sommets dont la base se perd dans une verdure éternelle, l'abaissement de la température rendent l'illusion complète. A mesure qu'on avance, le spectacle devient plus grandiose, d'immenses coulées de basalte s'élancent en colonnes prismatiques, on dirait des fûts encore debout, seuls débris de quelque gigantesque monument; l'eau profonde du torrent prend une teinte de bleu-foncé qui lui donne l'apparence d'une lessive d'indigo; de légers ponts en fil de fer sont suspendus sur ces abîmes, aussi élégants, presque aussi mobiles que les ponts de lianes jetés par la nature dans toutes les contrées tropicales. C'est en suivant toujours les sinuosités du torrent que nous atteignîmes l'habitation de M. Per...

M. Per... est un petit vieillard, haut en couleurs, gai, causeur aimable comme on l'était au temps de M. de Parny, regrettant fort le passé et s'accommodant au mieux du présent. Cet habitant a le premier importé à Bourbon l'industrie séricole. Avant de nous conduire dans sa magnanerie, il nous fit asseoir à sa table servie avec profusion de mets créoles. Nous ne goûtâmes qu'aux fruits et au café; car les damnés seuls seraient capables de toucher aux ragoûts dont se nourrit cet homme étonnant, qui mange des charbons enflammés et des morceaux de métal en fusion sous la forme de kari et de piments enragés. Je suis convaincu que celui qui s'habituerait à un tel ordinaire serait capable d'avaler des tisons embrasés et de la poudre-coton incandescente.

La magnanerie de M. Per... est attenante à son habitation; ce vaste local est parfaitement tenu, le propriétaire a suivi scrupuleusement la méthode recommandée par les éducateurs français. Cependant, malgré les soins qu'il apporte à son établissement, il n'a pu vaincre toutes les difficultés qui s'opposent dans ces contrées à l'éducation des vers à soie. Jusqu'à ce jour, les produits qu'il a obtenus sont faibles et mal nourris; le peu de soie qu'ils donnent est cependant d'une très belle qualité. Je serais tenté d'attribuer le peu de consistance du cocon au pauvre aliment dont le ver se nourrit. En dehors de cette cause, il en est d'autres qui n'ont pas été signalées, et dont l'action ne saurait être douteuse. La première de ces causes occultes, qui ont été négligées par les observateurs, réside selon moi dans la température moyenne du milieu ambiant. Le cocon, cette enveloppe protectrice que le ver prépare pour sa chrysalide, doit avoir d'autant plus de consistance, que l'insecte habite une zone plus froide. Un abaissement subit dans la température, déjà très préjudiciable à la chenille, le serait bien davantage encore à la chrysalide si elle était directement soumise à l'action de l'air; c'est pourquoi, dans nos pays, le vêtement soyeux qui l'enveloppe est plus consistant, plus épais que dans les régions tout à fait méridionales : par un instinct admirable, l'insecte se file dans les zones tempérées une chaude demeure; tandis que, dans les régions équatoriales, il ne se couvre que d'un léger tissu. Je crois qu'on pourrait remédier en partie à ce dernier inconvénient, par la ventilation continuelle; on obtiendrait ainsi un double résultat, on établirait une température factice, et l'on chasserait les particules âcres et fétides que dégage la surface cutanée du nègre, et qui l'enveloppent comme une atmosphère dont il est incessamment le régénérateur. Le ver à soie a des nerfs bien autrement délicats que la femme la plus vaporeuse; les plus faibles émanations suffisent pour le jeter dans un état de malaise. Les paysans provençaux, qui se livrent à son éducation, observent une espèce de régime; ils évitent de manger les bulbes alliacées dont l'odeur incommoderait leurs élèves, et certainement les effluves qu'exhale un estomac provençal soumis à une alimentation anti-vermineuse, n'ont rien d'aussi nauséabond que l'odeur du nègre soumis à des travaux qui provoquent la transpiration. Je suis convaincu qu'en confiant aux esclaves l'éducation du ver à soie, on établit au milieu de ces précieux insectes une cause permanente d'inappétence et de dégoût.

Cette observation mérite, je crois, d'attirer l'attention des personnes qui, au Brésil et à Bourbon, ont à cœur de faire fleurir l'industrie séricole, laquelle aura encore à surmonter une dernière difficulté, la plus irrémédiable de toutes, celle qui tient à l'alimentation du ver à soie. Le mûrier ne donne, dans les pays tropicaux qu'une feuille herbacée, aqueuse et privée en grande partie du principe résineux qui la rend ferme et nourrissante; ce sont les pluies trop abondantes qui modifient ainsi la nature de ce produit. La chaleur et l'humidité activent la végétation d'une manière trop rapide; la feuille n'atteint pas la maturité nécessaire pour offrir à la chenille une alimentation suffisante, de sorte quelle mange beaucoup sans être bien nourrie. M. Per... n'a pu surmonter encore toutes ces causes d'insuccès; mais il a fait beaucoup pour la nouvelle industrie qui doit doter Bourbon d'une nouvelle source de richesses, et ses efforts persévérants méritent l'approbation et les encouragements du gouvernement.

Après une halte de quelques heures, nous poursuivons notre route vers les eaux thermales de Salassy. Nous suivons toujours la même vallée; le chemin n'est plus qu'un étroit sentier bordé de vieux arbres dont le tronc et les branches sont envahis par une végétation parasite; des lianes stériles nouent leurs fortes brindilles aux cimes les plus élevées, et les orchis plongent leurs racines tuberculeuses dans l'écorce vermoulue. C'est sur ces arbres séculaires que croît le fahan, cette herbe aromatique dont les pauvres esclaves de Madagascar révélèrent les propriétés aux premiers habitants de la colonie.

Bientôt la route devient à peu près impraticable : des branches entrelacées presque au niveau du sol, des blocs détachés de leur base nous barrent à chaque instant le passage; nos chevaux n'avancent plus qu'avec une peine extrême. Nous cheminons pendant plus d'une heure à travers ce paysage riant et borné. En face de nous, le versant de la montagne formait un talus immense; on eût dit les murs crevassés d'une construction cyclopéenne. Des sources nombreuses s'écoulent en mugissant sur cette pente abrupte. L'évaporation constante des eaux entretient sur ce point de la vallée une vive fraîcheur; l'humidité de l'atmosphère attire un nombre infini de mollusques terrestres; les rochers étaient tapissés de leurs volutes élégants. Je recueillis un grand nombre de ces *achatines*, que leur forme grâcieuse encore plus que leur rareté fait avidement rechercher des collecteurs.

Nous parcourions depuis une demi-journée cette route agreste sans avoir rencontré un seul voyageur, lorsque nous aperçûmes, au détour d'un bouquet d'arbres, un groupe qui marchait devant nous. C'étaient des dames créoles qui voyageaient en hamac sur les épaules de deux robustes porteurs. A leur suite, marchaient une dizaine de nègres chargés de coffres en fer-blanc. Je m'étonnai à cet aspect, me demandant quels pouvaient être les insectes, les plantes gigantesques que l'on comptait collectionner dans ces immenses boîtes; mais j'appris aussitôt que ce que je prenais pour des magasins d'histoire naturelle n'était que des espèces de cartons à chapeaux qui renfermaient le bagage de ces dames, les fraîches toilettes qu'elles aiment à emporter partout. Comme nous allions plus vite avec nos chevaux que les nègres piétons, la petite caravane nous céda le pas. Les nègres, rangés au bord du chemin, nous saluèrent humblement, tandis que les voyageuses, couchées dans leurs hamacs, nous regardaient défiler à travers les larges mailles du réseau qui leur servait de palanquin.

Une demi-heure plus tard nous atteignîmes les bords d'un petit lac, au delà duquel s'ouvrait une ravine. Presque à mi-côte de cet étroit passage rampait un sentier inégal, que nous étions obligés de suivre à la file. L'eau qui fuyait au fond du ravin se brisait avec fracas sur les fragments de roche basaltique, et ne formait, pour ainsi dire, qu'une longue arcade. Après avoir franchi cette rude montée, nous atteignîmes l'établissement thermal de Salassy. Ce point de vue est un des plus curieux que j'aie rencontrés dans mes voyages : les montagnes, d'une hauteur prodigieuse, forment un hémicycle immense, une espèce d'amphithéâtre dont les noires roches sont les gradins. Des plantes herbacées, des fougères arborescentes, quelques vieux arbres au rare feuillage couvrent ces pentes naturelles, où sont disséminées de jolies maisonnettes bravement campées entre les rochers, comme des nids de vautours.

Il y a peu d'années encore que ces parages presque inaccessibles servaient de retraite aux nègres marrons; les blancs n'osaient poursuivre jusque dans ce désert leurs esclaves révoltés; le plus intrépide chasseur n'aurait osé s'aventurer dans ces étroits défilés bordés d'affreux précipices. Un pauvre colon, qui cherchait des terres cultivables dans les régions inhabitées de l'île, se hasarda un jour à pénétrer dans ces solitudes. En arrivant au point culminant du ravin, il aperçut une fumée légère qui s'élevait à travers l'inextricable réseau de lianes troué çà et là par les grandes roches basaltiques. Frappé de ce phénomène, il osa pénétrer dans ce chaos, et découvrit la source thermale, qui pétillait en s'écoulant sur un lit de mousse noirâtre. Avant de quitter ce site pittoresque, où il n'avait pas trouvé un seul arpent de terre cultivable, il eut l'idée d'emporter une bouteille d'eau de la source brûlante. Cette eau fut analysée par un pharmacien de Saint-Denis, qui déclara tout le parti que la thérapeutique pouvait en retirer.

L'intrépide colon repartit aussitôt pour prendre possession du coin de terre où il avait fait une si importante découverte; il y emmena sa femme et ses enfants. Comme les hardis pionniers de l'Amérique du Nord, il emportait seulement quelques outils et quelques provisions. La saison des pluies approchait; il fallut d'abord construire une cabane, pauvre demeure pareille à celle de Robinson, entourée de palissades et couverte d'un toit de feuillage. La famille eut ainsi un abri : mais bientôt la saison de l'hivernage commença; le ciel était toujours couvert de nuages qui se fondaient en pluie torrentielles. Le petit tertre sur lequel était située l'habitation ressemblait par moments à une île entourée de courants rapides.

Une nuit, le tonnerre grondait, la pluie battait les parois tremblantes de la cabane; le colon s'éveilla épouvanté. A la lueur blafarde des éclairs qui pénétrait entre les planches disjointes, il aperçut le sol de sa demeure entièrement inondé; le malheureux n'avait plus qu'une minute pour sauver sa famille. Prenant ses enfants dans ses bras et suppliant sa femme de le suivre courageusement, il sortit de son habitation à moitié submergée et eut le bonheur de gagner un point élevé, où le flot ne pouvait pas atteindre. Il voulut tenter ensuite de sauver quelques provisions, quelques vêtements; mais, lorsqu'il redescendit vers la cabane les ais de cette fragile habitation craquaient sous les efforts du courant, et bientôt tout disparut entraîné par les eaux. La malheureuse famille passa près de quatre jours sans abri, presque sans vêtements, vivant de choux palmistes et de mollusques terrestres. La pluie cessa enfin, et ces pauvres gens furent délivrés.

Ceci se passait il y a quelques années; aujourd'hui l'industrieux colon a élevé sur son domaine de charmantes maisonnettes, que l'aristocratie de Saint-Denis habite temporairement chaque année. Les dames créoles y viennent boire cette eau pétillante comme le vin de champagne. La source thermale de Salassy est gazeuse et ferrugineuse; un sédiment de sous-carbonate de fer couvre les parois de la fontaine; l'eau l'y dépose lorsque, par son exposition à l'air, elle perd l'excédant d'acide carbonique qui assurait la solubilité du sel. La température de cette source est de 25 degrés du thermomètre centigrade.

La découverte de ces eaux thermales sera une précieuse ressource thérapeutique pour la colonie, si les médecins savent les utiliser pour combattre les nombreuses affections des voies digestives si communes chez les blancs qui vivent sous ces latitudes. Les pâles beautés créoles en éprouveront aussi les salutaires effets; cette onde bienfaisante fortifiera leur organisation étiolée, et concourra, comme on disait sous l'empire, à orner de quelques roses les lys de leur teint. Pour être plus mythologique encore et renchérir sur cette comparaison, j'ajouterai que les eaux de Salassy eussent donné les apparences de la vie au marbre de Pygmalion, et que les Galatée de Saint-Denis s'animeront à leur tiède contact. En descendant les hauteurs de Salassy, nous gagnâmes l'habitation d'un riche planteur, M. F., lequel nous donna jusqu'au lendemain une grâcieuse hospitalité.

IX.

Pendant trois ou quatre heures encore, nous poursuivons notre route à travers un beau paysage, et nous arrivons au déclin du jour sur une habitation située à l'extrême limite des terres cultivées. Cette jolie résidence appartient à une dame créole, qui avait fait offrir à M. de Lagrené et à sa suite de se reposer chez elle avant de commencer l'ascension du volcan.

Madame L. nous offrit l'hospitalité cordiale et magnifique que nous avions trouvée chez les autres colons. Un souper délicat nous fut servi presque à notre arrivée. Parmi les mets indigènes figurait un plat exotique que je ne m'attendais certainement pas à trouver à une demi-lieue du Grand-Brûlé, sur la lisière d'un désert : c'était une dinde truffée. L'odorant tubercule, les savants disent cryptogame, venait directement de Paris, et avait été préparé dans les cuisines de Chevet.

D'autres convives nous avaient précédés chez madame L. Parmi eux se trouvait le procureur-général de Saint-Denis, M. Barbaroux. Ce magistrat porte un nom historique; il est le fils de Barbaroux le conventionnel, du beau Barbaroux, que madame Roland avait surnommé l'Antinoüs. En sortant de table, je gagnai l'esplanade pour me soustraire un moment à l'atmosphère brûlante du salon. La nuit était calme et sombre, les étoiles tremblaient dans les profondeurs du firmament, où j'apercevais comme un reflet rougeâtre pareil aux premières heures de l'aube. Surpris de ce phénomène, je parcourus du regard tous les points de l'horizon, et j'aperçus dans l'éloignement le sommet incandescent du cratère. Semblable à un phare gigantesque, le volcan lançait par intervalles des bouffées de flammes qui allaient s'éteindre dans les espaces infinis, tandis que la lave en fusion s'écoulait seulement sur le flanc de la montagne et m'apparaissait comme un météore au milieu des ténèbres de la nuit.

Ainsi que chez M. P....., j'habitais, avec MM. Perrot et Lemoff,

8669/2

un pavillon attenant à l'habitation; au moment où nous gagnions nos appartements respectifs, un nègre se présenta pour me servir de valet de chambre. Le drôle était jeune et bien découplé; il portait la simple livrée du pays, un pantalon rayé et une chemise blanche, dont les manches retroussées laissaient apercevoir ses bras robustes. En jetant les yeux sur cet homme, je remarquai, non sans étonnement, qu'il portait au dessus du poignet un bracelet en cheveux de la nuance la plus claire; cette blonde tresse produisait un si singulier effet sur ce bras noir et luisant, que j'eus la curiosité de lui demander où il avait trouvé cette galante relique. A cette question indiscrète l'esclave sourit, et répondit d'un air d'orgueilleuse satisfaction en regardant complaisamment le bracelet orné d'un large fermoir en or :

— Je ne l'ai pas trouvé; on me l'a donné : ce sont des cheveux de ma maîtresse.

Je restai confondu. Il n'existe certainement point de mulâtresse de cette nuance-là : il y a donc des femmes blanches pour lesquelles un nègre est un homme.

A quatre heures du matin, nous montions à cheval pour aller faire notre excursion dans le Pays-Brûlé. Après avoir traversé le domaine de madame L...., nous suivons pendant quelque temps la lisière d'un bois épais, dont la brise matinale agitait les cimes des bosquets touffus. Au-delà de ces sauvages bosquets et au point culminant de la plaine, s'élèvent quelques cabanes ombragées de choux palmistes; ces humbles demeures appartiennent à des petits blancs.

On appelle petits blancs les descendants des anciens colons, qui vivent loin des villes, dans les étroites vallées du centre de l'île, et forment assurément la population la plus originale et la plus intéressante du pays. Les premiers aventuriers français qui abordèrent sur cette terre y subirent des chances diverses : les uns, favorisés par les circonstances, firent rapidement fortune; les autres, moins intelligents ou moins heureux, n'ayant pu parvenir à acheter des esclaves et à établir des plantations, se retirèrent dans le haut pays. Depuis près de deux siècles leurs descendants habitent ces lieux sauvages. Ces familles, qui forment la noblesse, la véritable aristocratie coloniale, cachent fièrement leur pauvreté dans ces solitudes. La race qui s'est perpétuée ainsi sous l'influence d'un des climats les plus salubres de l'univers, au milieu de la température égale et fraîche des montagnes, a acquis un caractère de beauté remarquable. Les hommes sont élancés et vigoureux, leur teint est légèrement hâlé; leur front intelligent est large : il ont une bouche étroite, des dents magnifiques, et le sourire qui s'épanouit sur leurs lèvres minces a une expression singulière de douceur et de finesse. Leur contenance est noble, assurée, et avec leur pantalon rayé, leur simple jacquette de toile, ils ressemblent tous à des gentilshommes. Les femmes aussi sont élégantes et belles; elles ont de grands yeux bruns, des cheveux châtains qu'elles tordent et relèvent derrière la tête; leurs formes sveltes, et qui n'ont jamais subi la pression du corset, sont couvertes d'une simple chemise attachée au cou et qui descend jusque sur leurs pieds nus. Ces belles créatures, dont les traits droits et réguliers rappellent les créations de la statuaire antique, auraient peut-être une physionomie trop fière, trop énergique, si les longs cils qui voilent leur regard n'en adoucissaient l'expression, et si, lorsqu'elles parlent, un sourire d'une douceur infinie n'éclatait sur leurs lèvres roses.

Les mœurs des petits blancs sont simples et paisibles; les femmes se livrent aux travaux du ménage et confectionnent les nattes, les chapeaux de feuilles de palmier, que l'on vend à Saint-Denis. Les hommes s'assujettissent à de légers labeurs pour suffire aux besoins de leur famille. Ils cultivent l'étroit jardin qui environne leur case. Quelques-uns exploitent la forêt et fabriquent le charbon que l'on consomme dans la colonie; d'autres sont de hardis braconniers et d'intrépides pêcheurs. Ces diverses industries procurent quelque aisance aux petits blancs, mais ne les enrichissent jamais. Ils ne possèdent point d'esclaves; parfois seulement ils louent des nègres pour les aider dans leurs travaux. Ces familles isolées vivent dans la plus étroite union. Bien que les lois qui imposent un frein aux passions naturelles ne soient guère observées chez ces êtres revenus à la simplicité primitive, il se commet peu de délits parmi eux et un crime y est une chose à peu près inouïe. La plupart des petits blancs sont baptisés, mais ils ne reçoivent pas d'autre sacrement. Les unions se forment d'après les instincts du cœur, sans calcul et sans formalités. Ces pauvres gens, si ignorants des devoirs de la morale et de la religion, vont pourtant à l'église le dimanche; les jeunes filles s'y rendent quand elles ont une paire de souliers et une robe neuve, et les jeunes gens y vont chercher un point de réunion hebdomadaire.

Certainement ce sont les mœurs naïves des petits blancs qui ont inspiré à Bernardin de Saint-Pierre la touchante histoire dont les plages de l'Ile-de-France furent le théâtre : l'Ile-de-France! cette belle colonie que nous ne possédons plus, mais que les Anglais ont vainement appelée Maurice; car, dans toute l'Inde, elle porte encore le nom de la mère-patrie. On ne saurait croire combien le roman de Bernardin de Saint-Pierre est présent à la mémoire de ceux qui visitent notre colonie de l'océan

Indien. Lorsque, au détour d'une vallée, j'apercevais quelque pauvre cabane, au fond de laquelle jouaient une petite fille aux cheveux flottants, un jeune garçon aux yeux noirs, ombragés de longs cils, je les saluais des noms de Paul et de Virginie. Souvent, rien ne manquait à ce grâcieux tableau, ni les papayers au feuillage découpé, ni les cocotiers de la fontaine, ni le chien fidèle, qui bondissait devant ses jeunes maîtres ; on y voyait même quelquefois, c'était rare pourtant, le vieux Domingue et sa femme. Une chose digne de remarque, c'est que, malgré leur pauvreté, jamais les petits blancs ne se sont alliés aux mulâtres; aucune considération ne saurait les décider à altérer la pureté de leur race par une goutte de sang mêlé : leur susceptibilité à cet égard est plus grande peut-être que celle des riches colons des basses terres. Aussi appartiennent-ils bien réellement à l'aristocratie. On ne se dispense pas à leur égard des formules d'exquise politesse en usage parmi les blancs; ils traitent d'égal à égal avec les plus riches colons, lesquels, malgré les marques de considération dont ils les comblent, ne peuvent que rarement les décider à se mettre à leurs gages pour surveiller leurs habitations et le travail des esclaves. Ceux qui ont vu au fond de nos provinces quelque pauvre rejeton d'une race noble, vivant dans son manoir ruiné, pourront se faire une idée de la fierté héréditaire du petit blanc; tous deux ont le sentiment profond de leur antique origine. Parle-t-on d'un homme influent de la colonie, le créole ne manque jamais de dire : « Il est riche, il est puissant, mais il n'est pas plus blanc que moi après tout! »

On appelle Pays-Brûlé toute la partie de l'île qu'ont envahie les laves; c'est un espace immense couvert d'accidents de terrain bizarres, sur lesquels on peut étudier l'effet de l'action volcanique. Aux endroits que la matière en fusion n'a pas dévastés depuis une dizaine d'années, une végétation vigoureuse a déjà recouvert le sol calciné. La nature, toujours puissante, toujours féconde dans ces régions, se plaît à jeter une robe de feuillage sur les plaies qu'une force dévastatrice fait à la terre. On éprouve un profond sentiment d'admiration en observant les efforts puissants de la végétation pour reprendre son empire sur les lieux où ses manifestations les plus brillantes ont été violemment détruites. A peine la lave est-elle refroidie qu'une plante frêle y jette ses racines. Le faible végétal est longtemps la seule parure de ce noire domaine; mais, lorsque plusieurs générations se sont succédé sur ces îlots arides, où elles ont vécu en s'assimilant quelques-unes de leurs particules désagrégées, des semences apportées par le vent se développent sur cette espèce de terreau et donnent naissance à une nombreuse famille d'arbrisseaux et de plantes robustes.

On peut ainsi suivre en quelque sorte les transformations successives par lesquelles le rocher s'anime et s'individualise en concourant à la composition organique d'une fleur odorante, d'un arbre aux rameaux flexibles, mystérieuse métamorphose par laquelle se manifeste la loi de solidarité et d'amour qui régit ce vaste univers, loi immuable, d'après laquelle l'ensemble des êtres forme un tout homogène, qui porte en soi les éléments impérissables d'une éternelle résurrection. Nous traversâmes un bois dont les essences avaient été ainsi régénérées; les jeunes plants abaissaient leurs branches flexibles sur le sol et se balançaient mollement sur la lave refroidie, dont les facettes vitrifiées miroitaient au soleil.

A mesure qu'on avance dans cette zône désolée, la végétation s'amoindrit et disparaît; aux arbres succèdent les arbustes; à ceux-ci les plantes sèches et grêles; enfin la roche noirâtre et nue apparaît dans sa morne stérilité. Cependant l'aspect de ce sol aride n'a rien de monotone; les nombreux accidents de terrain ont créé mille fantaisies singulières, devant lesquelles on s'arrête, doutant si c'est l'art ou la nature qui a produit ces formes bizarres. Sur les points où la coulée est tombée en cascade, elle a formé, en se consolidant, de hautes colonnes herborisées; au contraire, lorsque la lave brûlante a coulé sur des arbres, sur des lianes ondoyantes, sur des herbes au feuillage grêle, elle a conservé en partie la forme de ce qu'elle a détruit. En passant sur les végétaux, le minéral en fusion a déterminé leur incinération, et les fibres les plus déliées sont empreintes dans la lave durcie. Ces fragiles vestiges, désormais à l'abri des altérations atmosphériques, superposés à des débris plus anciens, constatent le nombre des cataclysmes partiels qui ont successivement désolé cette contrée. Les pentes arides qu'on appelle le Grand-Brûlé ressemblent aux lieux désolés sur lesquels le feu du ciel a passé; on y reconnaît la trace des coulées, qui, depuis dix ans déversées par le cratère, ne se sont arrêtées qu'au rivage, et ont formé dans la mer des caps nouveaux. Cette surface onduleuse ressemble à une mer solidifiée; on dirait des vagues d'asphalte à peine refroidies; aucun être organisé ne s'aventure sur ce sol maudit, aucune fleur n'y étale sa corolle nuancée, aucun oiseau n'y chante, aucun insecte n'y bourdonne.

Nous arrivons devant la nouvelle coulée, qui descend lentement vers la mer; la lumière du jour éteint la rouge lueur de cette masse incandescente, elle ressemble à un épais torrent de boue, qui roule pesamment sur le flanc de la montagne. Sur le passage de ce courant terrible, on entendait un léger grésillement; c'étaient les végétaux dévorés par le feu invisible, qui se calcinaient et disparaissaient sous la lave. L'éruption se dirigeait vers un bouquet de bois qui ombrageait la demeure de quelqes petits blancs. Les pauvres gens regardaient venir cette masse redoutable en démolissant leur cabane pour la reconstruire un peu plus loin, hors des atteintes du fléau. Ils accomplissaient ce travail avec une sorte de nonchalance qui m'étonna; le danger me semblait si proche, que je dis à l'un d'eux avec une sorte d'inquiétude :

— Mon Dieu, Monsieur, pourrez-vous parvenir à vous mettre bientôt en lieu de sûreté !

— Rien ne presse, Monsieur, me répondit-il flegmatiquement; la coulée ne marche pas vite, elle ne passera ici que dans une quinzaine de jours, et il lui faudra deux mois peut-être pour arriver jusqu'à la mer.

Le même soir, nous étions de retour à l'habitation de Mme L....., et le surlendemain nous rentrions à Saint-Denis avec le projet d'entreprendre une nouvelle excursion pour visiter la partie sous le vent et la plaine des Palmiers.

X.

Lorsqu'on observe avec quelque attention la population esclave de Bourbon, on reconnaît avec surprise qu'elle ne se compose pas seulement de nègres, mais encore de Malais, de Bengalis, de Malabars et même de blancs. Cette dernière assertion étonnera sans doute; je ne saurais cependant désigner autrement des hommes aux formes accusées, à l'épiderme d'une blancheur égale à celles des plus purs délégués coloniaux et des femmes dont la peau transparente et lisse surpasse en éclat et en beauté celle des plus grandes dames créoles. Les Malais, les Malabars et les Bengalis, retenus en esclavage, ont été amenés dans la colonie par ces hardis aventuriers qui jadis pourvoyaient notre établissement de travailleurs. Ces hommes énergiques ne ressemblaient guère aux négriers de nos jours, à ces contrebandiers honteux, qui vont charger leur périlleuse marchandise dans les comptoirs portugais du canal Mozambique; les anciens trafiquants, non cotents de faire sagement leur métier, montaient parfois de légers navires hérissés de canons, pourvus de munitions formidables, ils exploraient, comme des oiseaux de proie, les côtes de l'océan

Indien, et, lorsque le moment leur paraissait opportun, ils se jetaient à l'improviste sur de paisibles bourgades, dont ils enlevaient par violence les malheureux habitants. Dans ces contrées lointaines, ces crimes restaient presque toujours impunis; les rajas desquels ces malheureux dépendaient ne se souciaient guère, au milieu des voluptés de la vie orientale, de leurs sujets enlevés et de l'outrage fait à leur puissance. D'ailleurs quels moyens de répression pouvaient-ils exercer contre ces forbans intrépides! Ceux-ci revenaient rarement dans les mêmes parages, et le troupeau humain qu'ils ramenaient était vendu sur-le-champ aux planteurs de Bourbon et de l'Ile-de-France, lesquels ne s'inquiétaient nullement des différences physiques qui existaient entre les individus de ces races intelligentes et les nègres abrutis d'Angole et de Mozambique. Ce fait, peu connu, donne la mesure de la moralité de nos anciens colons, de ces Saint-Vincent-de-Paule de l'esclavage, qui n'achetaient pieusement des nègres, s'il faut en croire leurs panégyristes, que pour les soustraire à la mort à laquelle les roitelets afrricains les destinaient.

L'esclavage des nègres est assez généralement accepté en Europe comme un fait normal. Les planteurs de nos colonies, secondés par les naturalistes matérialistes du dernier siècle, ont représenté la race éthiopienne comme une espèce intermédiaire entre l'homme et la brute, et beaucoup d'esprits légers, superficiels, sont convaincus, d'après ces assertions, que l'état d'asservissement dans lequel elle vit est la conséquence naturelle de son infériorité relative dans l'échelle des êtres. Aussi lorsque, dans nos assemblées législatives, on traite de la grande mesure de l'émancipation, les partisans avoués de l'esclavage ne manquent pas d'opposer à leurs antagonistes que les nègres ne sont pas suffisamment préparés par une éducation préliminaire à user sagement de leur liberté, et que l'infériorité de leur nature sera peut-être à jamais un obstacle invincible à l'affranchissement de la race entière; objections qui provoquent ordinairement l'adhésion bruyante de la partie moutonnière de nos corps parlementaires.

Pourquoi jusqu'à ce jour personne n'a-t-il répondu que les nègres ne sont pas les seuls individus réduits en esclavage dans nos colonies? Pourquoi n'a-t-on pas réclamé en faveur des Malais, des Bengalis et des Malabars, descendants de races intelligentes, qui ne mésusent pas de leur liberté dans les lieux qu'elles habitent? Pourquoi n'a-t-on pas surtout élevé la voix en faveur des hommes de couleur esclaves chez lesquels il est, bien souvent, plus difficile de reconnaître une origine nègre que chez quelques-uns de nos compatriotes dont personne assurément ne conteste l'intelligence et le talent?

Les membres de la légation furent invités à aller visiter, un dimanche, une habitation aux environs de Saint-Denis. Le propriétaire de cette grande exploitation, mu par les sentiments les plus honorables, a tenté de réformer les mœurs de ses nègres en leur faisant donner une véritable instruction religieuse. Un prêtre attaché à ce domaine est chargé de leur enseigner les lois morales émanées du christianisme; si les principes religieux sont aussi fortement gravés dans le cœur que dans la mémoire de ses noires ouailles, il faut avouer qu'il accomplit sa tâche avec succès. Peu de moments après notre arrivée, on réunit les esclaves dans une charmante chapelle. Ce petit monument est élégant comme l'église d'un de nos riches hameaux; les négresses chargées de le parer et d'y entretenir une exacte propreté s'acquittent de ces soins avec beaucoup de sollicitude et d'empressement. Après avoir adressé à ses noirs auditeurs une courte allocution, le prêtre monta à l'autel et célébra une messe, qui fut écoutée avec recueillement par ces pauvres gens. Mes yeux erraient avec intérêt sur cette réunion, je les arrêtai surtout sur quelques individus complètement blancs qu'à leurs pieds nus je reconus pour des esclaves. Attristé à cette vue, je demandai à l'un des directeurs de l'établissement comment il se faisait que ces blancs ne fussent pas depuis longtemps affranchis; il me répondit avec quelque étonnement :

— Mais Monsieur, ce sont des *nègres!*

Le mot est assez joli pour être conservé, il me rappelle d'ailleurs une autre réponse qui n'est pas moins originale.

Malgré ma répugnance à traverers la rade dangereuse de Bourbon, je fus contraint un jour d'aller à bord de la *Sirène*. Je pris, pour exécuter ce voyage, un bon bateau servi par deux nègres, dans lequel je m'installai en attendant un esclave qui devait m'accompagner. Celui-ci, tardant longtemps à venir, je prononçai quelques paroles de blâme, qui furent entendues de l'un des deux rameurs; lequel, levant la tête, me dit :

— Oh! les nègres sont paresseux, menteurs, ivrognes; ce n'est pas la même race que nous!

Je pris cette apostrophe pour une plainte ironique, un reproche indirect, et je répondis en manière d'excuse :

— Les blancs aussi sont, je le sais, ivrognes, paresseux...

Mon interlocuteur m'interrompit à ces mots :

— Non, non, répliqua-t-il vivement, nous blancs, nous travaillons, nous sommes soigneux, rangés...

Je considérai alors d'un œil surpris la figure d'ébène qui était devant moi, et cherchai dans ses traits, dans la nuance de sa peau ce qui pouvait lui donner ces prétentions à la noblesse épidermique ; ne trouvant rien qui la légitimât, je lui dis avec un dédain affecté :

— Vous croyez-vous moins noir que vos camarades?

A ces mots, mon homme bondit sur son banc et me montrant son vilain pied chaussé d'un énorme soulier, il s'écria :

— Moi, je suis blanc, Monsieur!

Le nombre des nègres blancs, pour nous servir de l'expression créole, s'accroît tous les jours; les colons, en recherchant avidement les jeunes négresses, donnent naissance à cette race. Il est peu d'habitation qui ne fournisse quelque exemple de ces passagères liaisons. Lorsqu'on découvre, au milieu d'un pauvre hameau formé par les misérables cabanes des nègres, une case de meilleure apparence, ombragée par des mimosas odorants, à demi cachée sous les rameaux flexibles de l'arbre noir et entourée d'un jardin coquet, on peut être convaincu qu'elle renferme l'esclave favorite d'un fils de la maison ou tout au moins de l'administrateur de l'établissement.

Les jeunes négresses, ainsi honorées des attentions passionnées de leurs maîtres, ne sont pas assujetties aux rudes labeurs des champs; elles sont employées à des travaux d'intérieur, souvent même elles ne quittent pas leur case. Leur mise contraste singulièrement avec les misérables haillons de leurs compagnes, et ne manque pas d'une certaine élégance; les étoffes dont elles se parent empruntent leur éclat à toutes les couleurs de l'arc-en-ciel, on dirait que, dans leur imagination, elles ont eu la pensée de se faire un vêtement avec les pétales nuancés des plus belles fleurs tropicales.

J'ai vu souvent à Saint-Denis une négresse cafre, favorite en titre d'un jeune homme de ma connaissance intime; elle portait ordinairement une vaste coiffe, rouge-cerise, qui lui couvrait la nuque et retombait sur son épaule, une robe bleu de ciel et un châle jaune canari. Svelte et grande, lorsqu'elle parcourait ainsi vêtue les rues de Saint-Denis, elle ressemblait à un de ces brillants oiseaux qui peuplent les sauvages forêts de l'Inde; on pouvait croire qu'elle avait emprunté cette parure éclatante aux tangaras couleur de feu et au loris bleu et rouge. Rose était d'ailleurs un type d'autant plus intéressant à observer qu'elle représentait fidèlement le côté moral de ces esclaves noires que les caprices des maîtres élèvent momentanément jusqu'à eux.

Moins avisée que les mulâtresses, la pauvre fille ne cherchait pas à mettre à profit son éphémère ascendant pour assurer son indépendance; elle ne songeait qu'à satisfaire des caprices d'enfant mal élevé et boudeur. Vaine, orgueilleuse, entêtée, sensuelle sans amour, elle était exigeante, menteuse et colère comme toutes les natures brutales, qui croient prouver leur affection par les tracasseries qu'elles suscitent et les colères mutines qu'elles improvisent. Son maître, jeune homme fort intelligent d'ailleurs, subissait la capricieuse humeur de son esclave avec une patience qui fort souvent m'étonnait. Un jour, après un bal qui nous fut offert au gouvernement, je fus témoin d'un accès de jaloux emportement de cette beauté africaine; elle se répandit d'abord en invectives fort pittoresques contre son amant, et finit par lui enfoncer dans les joues ses ongles durs et crochus : celui-ci ne se révolta pas contre cet acte de folie brutale.

En présence d'un pareil fait, je me demandai par quel charme inconcevable des blancs peuvent être attirés auprès de ces sauvages créatures, et il me fut impossible de trouver le mot de cette énigme. Ces femmes, à la tête couverte d'une laine grêle et contournée, à la peau huileuse et puante, au museau proéminent, aux yeux ternes, sans expression, s'éloignent trop complètement des types de beauté divinisés par nos peintres et nos poètes pour qu'elles soient autre chose pour nous qu'un objet de curiosité mêlé de répulsion. Cependant les Européens qui arrivent aux colonies ont, pour la plupart, certaines idées fort erronées qui triomphent de cette impression; ils se figurent que des passions ardentes bouillonnent dans le sein bronzé de la laide Vénus africaine, et recherchent les faveurs de ces pauvres créatures, qui seraient certainement les femmes les plus chaste, de l'univers si elles n'obéissaient qu'à leurs instincts. En réalité ces femmes, d'un tempérament lymphatique, nulles par le cœur et par l'intelligence, sans imagination et sans esprit, ne sont sensibles qu'à une grossière vanité : intéressées et paresseuses à l'excès, elles ne peuvent pas même aimer brutalement; mais elles se livrent volontiers à celui qui leur donne les parures qu'elles préfèrent et qui les dispense de toute espèce de travail.

Les enfants des négresses et des blancs, fruits de ces rapprochements déterminés par de honteux caprices, restent ordinairement en état d'esclavage. Ils deviennent la propriété de leurs frères et de leurs pères, qui les traitent comme les autres esclaves, et ne leur épargnent ni les humiliations résultant de leur abjecte condition, ni les dures corrections de la geôle. Les jeunes mulâtresses unies à des blancs donnent naissance à ces esclaves blancs, qu'on est affligé de rencontrer dans les habitations et dont le sort est digne de tout notre intérêt.

Si les colons étaient disposés, comme ils l'assurent, à préparer l'émancipation des esclaves, en leur donnant une éducation en rapport avec la liberté qu'on leur promet depuis tant d'années, ils auraient dû commencer par instruire les enfants mulâtres de leurs habitations, qui, il faut bien le dire, le plus souvent leur tiennent de près par les liens du sang. Mais leurs promesses n'ont rien de sérieux ; c'est un refrain monotone au moyen duquel ils veulent endormir la vigilance des abolitionistes de la métropole. Et ce n'est en réalité que dans l'habitation dont je viens de parler plus haut qu'on semble se préoccuper un peu de l'avenir des esclaves et de leur état moral. M....., le propriétaire de cette habitation, est le descendant d'une des plus anciennes familles de l'île; bien que sa généalogie ne remonte ni à Pepin-le-bref, ni même au roi Dagobert, et que son origine ne se perde guère que dans les ombrages sombres de la canne et du cafier, il n'en marche pas moins à la tête de l'aristocratie de Bourbon, dont il est le plus pur représentant.

La possession héréditaire de la richesse hiérarchise les hommes et crée autour des familles un certain nombre de clients qui s'inspirent à leur contact. M....., descendant respecté des anciens planteurs de l'île, exerce cette espèce de souveraineté, et son exemple peut faciliter l'œuvre de l'émancipation, si d'autres colons faisaient, comme lui, donner à leurs nègres un véritable enseignement religieux. Mais il ne faut pas se le dissimuler, parmi les opulents planteurs, il en est peu qui soient susceptibles de l'imiter. M..... sait que richesse et noblesse obligent, et, à ce double titre, il a voulu venir en aide, en apparence du moins, aux projets futurs du gouvernement. Cet exemple de noble bon sens serait plus généralement imité si tous les planteurs étaient créoles; mais la plupart, étrangers à la colonie, ne sont que d'âpres spéculateurs, qui ne sauraient faire dans l'intérêt de la future prospérité du pays un sacrifice momentané.

Pour me donner une idée de l'impression qu'éprouveraient les vieux créoles si jamais l'esclavage était aboli dans nos possessions, M..... me disait :

— Cette mesure est inévitable ; mais je fais les vœux les plus fervents pour que la loi d'émancipation ne soit promulguée qu'après la mort de ma vieille mère. Si jamais elle savait que ses nègres peuvent librement s'en aller, la chose lui paraîtrait une iniquité monstrueuse, elle considérerait ce droit des hommes de couleur comme une perturbation sociale bien plus terrible que les plus sanglants épisodes révolutionnaires.

La bonne dame a plus de quatre-vingt-huit ans; elle gère elle-même une immense exploitation; elle a vu fouetter de père en fils cinq à six générations de nègres, il faut bien lui pardonner ses préjugés.

Je causais une autre fois avec un vieux planteur dur comme un négrier, et qui n'a pas dédaigné d'administrer parfois lui-même quelques coups de fouet à ses esclaves.

— Croyez-vous, me disait-il, que si vos députés allaient nous bâcler une loi qui affranchît mes nègres, croyez-vous, Monsieur, que je les laisserais partir?

— Très certainement, lui répondis-je, vous n'oseriez pas vous mettre en opposition avec les lois de votre pays.

— Je l'oserai ma foi très bien, et j'aimerais mieux les pendre de mes mains que de me laisser voler par leur départ!... Après tout je les ai payés en belles piastres ces gueux-là!

Ce sont là les sentiments philantropiques qui animent la plupart des colons; attendre de leur part une adhésion volontaire aux mesures proposées par les abolitionistes, c'est rêver l'impossible.

Quelle que soit l'indemnité qu'on accorde aux propriétaires d'esclaves, si jamais ceux-ci sont émancipés, ils regarderont cette mesure comme une spoliation. Ils ne se contenteront pas de protester par des écrits et des paroles contre cet acte de grande justice, ils protesteront encore les armes à la main; qu'on en soit bien convaincu, à Bourbon ils feront intervenir les intéressés, les nègres eux-mêmes dans ce débat. On verra dans certaines habitations les esclaves essayer de maintenir par la violence leur abjecte position. Ces malheureux, abrutis par la servitude, sont étrangers à toute noble passion, et quelques verres de rhum versés d'une main libérale par leurs maîtres peuvent leur faire renier la liberté, qui seule peut les régénérer.

Quoique le sort des esclaves soit évidemment fort malheureux, leurs maîtres ne sauraient en convenir ; mais il suffit de visiter quelques-unes des misérables cases qu'ils habitent pour se convaincre de l'affreux dénûment dans lequel ils vivent. Un haut dignitaire colonial nous disait souvent, pour nous convaincre de l'excellence de l'esclavage, que ses nègres étaient mieux nourris, mieux vêtus, mieux soignés que la plupart des paysans de nos provinces. Nous ne demandions pas mieux que de voir par nos yeux : nous allâmes donc visiter la propriété de ce colon. Nous devons le dire, jamais l'aspect d'une misère plus profonde, plus hideuse que celle dans laquelle vivent ses esclaves ne nous avait affligés. Ces malheureux ne recevaient pour toute nourriture qu'une faible ration de riz du Bengale, le moins chargé de tous les riz en substance nutritive ; la plupart était nus, ou bien ils portaient de si misérables haillons que nos chiffonniers eussent hésité à les recueillir dans le ruisseau. La demeure de ces créatures humaines ne renfermait aucun meuble, pas de lit, pas de table, pas le moindre ustensile de ménage ; il n'y avait que quelques vases de grès la plupart ébréchés ; le sol mal nivelé était humide et puant, la toiture crevassée laissait passer la pluie et le soleil. Tel était le spécimen de la vie aisée des nègres, le modèle de ces cases confortables qu'on nous avait vantées.

La longue habitude qu'ont les créoles de considérer les esclaves comme des espèces de bêtes de somme, les porte à les traiter avec la plus grande dureté. J'ai vu, à l'hôtel Joinville, un pauvre nègre, appelé *Napoléon* frappé impitoyablement par une espèce de dandy, parce que ce malheureux ne lui avait pas assez promptement rapporté la monnaie d'une pièce de cinq francs qu'il lui avait remise pour le prix d'un bain ! Le stupide auteur de cet acte de brutalité s'éloigna fièrement ensuite, sans être le moins du monde troublé par les cris de douleur de sa victime. Ces mauvais traitements, le dédain qu'on affecte à leur égard rendent en général les nègres menteurs, perfides, vindicatifs ; ils emploient les ruses les plus ingénieuses pour tromper leurs maîtres, et ils mettent dans leur conduite tant de circonspection, tant de persévérance, qu'ils finissent par endormir la vigilance de ceux dont ils veulent se venger. Ils procèdent comme tous les êtres faibles, qui ne peuvent lutter à front découvert avec des ennemis puissants, ils emploient pour les combattre la dissimulation et la perfidie. C'est parce qu'ils peuvent longtemps cacher leur haine, dissimuler leurs impressions, que souvent on accuse les nègres de se livrer à l'art des empoisonnements, avec un succès capable de dérouter nos toxicologues les plus célèbres; mais ces accusations sont fort exagérées : les malheureux ne sont pas très versés dans la science des Brinvillers et des Borgia, quoique depuis longtemps on les pende sur la foi de leur réputation sans qu'ils aient réclamé contre ces iniques arrêts.

A Bourbon, par exemple, il y a fort peu de temps encore qu'on était convaincu que les nègres employaient comme poison le duvet qui recouvre les tiges de bambou. Chaque fois que, dans une habitation quelqu'un mourait subitement, l'on faisait des perquisitions dans les cases à nègres, et si par malheur quelqu'un d'entre eux avait en sa possession la fatale substance, on le traduisait devant les tribunaux de l'île, lesquels le condamnaient bravement à mort comme empoisonneur ! Il a fallu, pour qu'on mît désormais à néant ces accusations absurdes, que M. Bernier de Saint-Denis, qui n'est pas seulement un homme de cœur et de courage, mais encore un médecin très distingué, vînt déclarer devant les juges que, d'après ses expériences, le duvet du bambou est une substance complètement inerte. Pour en convaincre le tribunal, le docteur Bernier a avalé, audience tenante, une pincée de cette espèce de poussière végétale, à l'aide de laquelle on avait motivé tant d'arrêts de mort.

Sous le rapport de l'intelligence, on peut dire que les nègres sont des hommes qui restent toujours à l'état d'enfance, soit parce qu'ils n'ont pas obtenu tous les soins nécessaires à leur développement, soit parce que leur intelligence ne saurait dépasser certaines limites, ce qui est moins admissible. Aussi, dans ses habitudes, le nègre se rapproche de l'enfant : il a la même curiosité inquiète, la même mobilité de pensées, les mêmes ruses, il en aurait la naïveté charmante si ses instincts grossiers ne s'éveillaient pas de bonne heure, s'il ne devenait bientôt brutal et débauché. C'est surtout la privation de tout plaisir licite et de toute jouissance honnête qui les jette dans les honteux excès auxquels ils se livrent parfois avec emportement.

Un matin, j'étais sorti à pied avec mon ami, M. de Montigny, pour faire une promenade sur la côte. Nous marchions au hasard le long de ces grèves solitaires, ne perdant jamais de vue les nappes bleues de la mer, dont les faibles brises nous soufflaient au visage et nous ranimaient par leurs passagères fraîcheurs. Nous atteignîmes ainsi une plage tout à fait déserte et d'un aspect aussi désolé que les bords de la mer Morte. Il était près de midi; le souffle de la brise devenait plus faible de moment en moment; le soleil dardait d'aplomb sur nos têtes et l'air était en feu. Je regrettais amèrement de m'être ainsi aventuré, et jamais voyageur égaré au milieu de la nuit la plus noire ne déplora autant son imprudence que je déplorai de m'être fourvoyé sous les rayons meurtriers de cet ardent soleil. Suffoqués, haletants, les yeux éblouis par une lumière embrasée, nous cherchions inutilement un abri le long de cette côte plate et coupée seulement d'échancrures peu profondes. Enfin j'avisai dans l'éloignement un bouquet de cocotiers dont les grêles panaches retombaient immobiles comme les feuilles d'un parasol indien à demi fermé.

Nous nous acheminâmes lentement vers ces chétifs ombrages, et nous arrivâmes non sans peine à l'extrémité d'une petite plaine que coupait brusquement un accident de terrain. Alors un spectacle inouï frappa nos regards : une douzaine de nègres et de négresses faisaient fête en ce lieu. Les hommes couchés sur le sable, les paupières appesanties par l'ivresse, le corps immobile, semblaient se baigner avec une volupté nonchalante dans les effluves qu'exhalait cette orgie africaine. L'un d'entre eux saisissait par intervalles une bouteille de rhum, en abreuvait ses compagnons et répandait ensuite sur leur tête l'excédant de la libation afin que l'atmosphère qui les environnait en fût tout imprégnée. Il y avait en ce moment sur le visage de ces malheureux une expression qui n'est pas habituelle chez le nègre ; leurs yeux somnolents dardaient des éclairs ; leurs lèvres épaisses s'entr'ouvraient avec un rire silencieux, et leur front étroit, légèrement contracté, semblait annoncer la vague et terrible exaltation que procurent l'opium et le haschich. Les femmes, ivres aussi, dansaient furieuses autour de ces hommes anéantis par une débauche prolongée ; elles dansaient cette pantomime obscène, la bambola, auprès de laquelle les danses les moins tolérées de la Grande-Chaumière sembleraient un menuet décent, un pas de ballet grave et compassé. Les orgies les plus immondes de nos hommes du peuple ne sauraient être comparées à cette scène étrange, pendant laquelle les hommes, foudroyés par l'ivresse, et les femmes excitées par les danses obscènes, présentaient un contraste hideux.

Quelques négrophiles prétendent que si les nègres se livrent ainsi à la débauche, s'ils refusent surtout de contracter un lien légitime, c'est parce qu'ils ont la conscience de leur position, c'est qu'ils redoutent d'avoir des enfants. C'est là une erreur, ils ne s'élèvent guère jusqu'à ces considérations, et l'instinct de la paternité est peu développé chez eux. Ce ne sera certainement que par l'usage de leur liberté qu'ils acquerront ces sentiments élevés, qu'ils arriveront à la constitution de la famille, cette source de toute moralisation.

IMPR.

www.ingramcontent.com/pod-product-compliance
Ingram Content Group UK Ltd.
Pitfield, Milton Keynes, MK11 3LW, UK
UKHW012038240726
13965UKWH00003B/872